# 强含水层下巷式充填开采覆岩移动及影响研究

董 羽 著

山东大学出版社
SHANDONG UNIVERSITY PRESS
·济南·

**图书在版编目(CIP)数据**

强含水层下巷式充填开采覆岩移动及影响研究 / 董羽著. --济南 ：山东大学出版社，2024. 1

ISBN 978-7-5607-8215-7

Ⅰ. ①强… Ⅱ. ①董… Ⅲ. ①煤矿开采－充填法－研究②煤矿开采－岩层移动－研究 Ⅳ. ①TD823.7 ②TD325

中国国家版本馆 CIP 数据核字(2024)第 087472 号

责任编辑 蒋新政
封面设计 王秋忆

**强含水层下巷式充填开采覆岩移动及影响研究**
QIANGHANSHUICENG XIA HANGSHI CHONGTIAN KAICAI FUYAN YIDONG JI YINGXIANG YANJIU

---

出版发行 山东大学出版社
社　　址 山东省济南市山大南路 20 号
邮政编码 250100
发行热线 (0531)88363008
经　　销 新华书店
印　　刷 山东蓝海文化科技有限公司
规　　格 720 毫米×1000 毫米 1/16
　　　　 10 印张 178 千字
版　　次 2024 年 1 月第 1 版
印　　次 2024 年 1 月第 1 次印刷
定　　价 56.00 元

---

# 前　言

伴随着我国经济快速发展，建筑及交通占地面积快速增加，目前，我国“三下”(建筑物下、铁路下、水体下)压煤量已达140亿吨。近年来，随着矿山充填技术的迅速发展，从资源回收和环境保护的角度出发，采用充填采煤技术开采“三下”压煤已成为煤矿绿色开采的一个重要方向和研究热点。为了充分回收部分矿区“三下”压煤垮落法开采留设的安全煤柱、安全高效地开采边角残煤等煤炭资源、解决煤矿固体废弃物排放等问题，需要采取安全高效的开采方法。巷式充填开采具有资金投入小、工艺灵活、采煤和充填工序相互影响小等优势，为解决上述难题提供了一种有效方法。巷式充填开采能够适应复杂的地质条件，是“三下”压煤和边角残煤开采的一项新兴技术。

根据在强含水层下巷式充填开采中需要解决的一系列问题，本书对以下主要内容进行了研究：

(1)结合公格营子矿的实际情况，确定了充填材料的优化配比，详细介绍了巷式充填开采的工作原理，并对巷式充填开采覆岩移动变形特征及影响因素进行了分析。

(2)基于弹性地基梁解析方法，分别建立了巷式充填开采护巷柱体稳定性力学模型和巷式全部充填顶板移动变形力学模型。分析了护巷柱体上的支承压力分布、护巷柱体的稳定性以及护巷柱体留设宽度；并通过分析得出了顶板岩层可能发生断裂破坏时的极限跨距以及极限挠度，讨论了充填率对顶板极限跨距的影响。

(3)分析了导水裂隙带的形成及影响因素，基于巷式充填开采等价采高理论，结合巷式全部充填顶板移动变形力学模型的相关分析，建立了覆岩岩层断裂的力学模型,分析了裂隙带可能的发育高度。

(4)基于有限差分方法,采用 FLAC$^{3D}$数值分析软件模拟分析了巷式充填开采与垮落法开采覆岩导水裂隙带的发育规律;对巷式充填开采中影响上覆岩层移动及导水裂隙带发育的主要影响因素(采厚、充填率以及充填体弹性模量)进行了分析,并通过回归分析得出了巷式充填开采导水裂隙带高度随各影响因素变化的关系式。

(5)结合工程应用,对公格营子矿巷式充填开采充填巷的掘进充填顺序进行了设计,给出了巷式充填开采工作面的具体布置方案,确定了公格营子矿安全防水煤岩柱的高度;对巷式充填开采对地表村庄的影响进行了分析。技术效果及效益分析表明,公格营子矿进行强含水层下巷式充填开采具有优越性。

本书相关研究面向煤矿“三下”压煤绿色、安全、高效开采的需求,致力于解决“三下”压煤开采、边角残煤资源回采、煤矿固体废弃物利用及煤矿环境问题,为“三下”压煤开采、矿山绿色开采开辟了一条理想的途径,具有重大的社会效益和环保效益。巷式充填开采具有以下优势:

(1)保护自然环境。巷式充填开采能使地表沉陷得到有效控制,可实现不迁村采煤,保护地表自然环境不遭破坏,维持地下水生态系统的平衡,造福子孙后代。

(2)提高煤炭资源回收率。巷式充填开采使得煤炭资源回收率得到显著提高,从而减少了矿产资源的损失与浪费。回收率提高后,每年消耗的地质储量相对减少,从而延长了矿山的开采寿命,增加了就业机会,同时增加了矿山开采总量。

(3)实现矿山绿色开采。煤矸石是煤炭生产和加工过程中产生的固体废弃物,每年的排放量相当于当年煤炭产量的 8%～20%。煤矸石的长期堆存占用大量土地,同时会造成自燃、污染大气和地下水质的严重后果。巷式充填开采的开展不仅考虑了采矿工艺的需要,还考虑了矿山开采废弃物的综合利用与处理、环境保护、减少污染的社会要求,将煤矸石、粉煤灰等废弃物用于井下回填,实现无废害开采。

作　者

2023 年 10 月

# 目　录

# 第一章　概　述

随着煤炭产量的持续增长，煤矿开采过程对生态环境产生了严重的影响，带来了土地资源破坏、水资源破坏及“三下”（建筑物下、铁路下和水体下）压煤严重等一系列问题。针对公格营子矿强含水层下压煤开采，技术人员应用了似膏体泵送充填采煤技术，并确定采用巷式充填采煤工艺。笔者通过阅读大量的文献，分析总结了充填开采、开采沉陷、水体下开采及充填开采控制岩层移动破坏的国内外研究现状，针对强含水层下巷式充填开采面临的问题，提出了本书的主要研究内容。

## 1.1　研究背景

煤炭是我国重要的一次能源，煤炭消费在我国的一次能源消费中占主体地位。煤炭不仅是基础燃料，同样也是不可或缺的工业原料[1]。近些年来，在经济迅速发展的带动下，我国原煤产量持续增长，但增速却不断下降，2023 年全国原煤产量达 47.1 亿吨。因此，在未来的一定时期内，煤炭依旧是我国的主体能源。然而，我国煤炭行业在资源环境、技术安全等方面的承载能力远不及煤炭产能的开发能力，造成了煤炭产能的过剩。煤炭资源的开发在为国家发展、社会建设及人民生活不断提供能源动力的同时，也付出着生态、生活环境急剧恶化的沉痛代价。我国煤矿分布广泛，矿区环境乃至全国环境均会受到煤矿开采带来的一系列影响，这种影响在煤矿开采完成后的很长一段时期内将持续存在，因此实现矿山的绿色开采越来越受到人们的关注和重视[2]。

煤矿开采造成的一系列问题有[3]：

(1)煤矿开采废弃物占用土体、污染环境。露天开采对地表及环境的影响以直接挖损和外排土场压占为主,而井工矿开采则以地表塌陷和矸石山压占为主。据估计,平均每采出万吨煤即产生 0.2 $hm^2$ 以上的坍陷区。煤矿开采造成的全国沉陷地面积高达 $0.45\times10^6$ $hm^2$,主要分布于中部及西部省份。

煤炭生产过程中,矸石排放量一般为原煤产量的 8%～20%,平均约为12%。2012 年,全国大、中型煤矿有 1500 多座矸石山。据不完全统计,矸石堆放量达 $3\times10^9$ t 以上,占地面积约为 $2.6\times10^4$ $hm^2$。截止到 2021 年,我国现有煤矸石累计存量已超过 70 亿吨,形成万座以上矸石山。矸石山的大面积压占也将进一步加剧我国可耕地资源短缺的情况。

(2)煤矿开采对水资源的破坏。在进行地下采煤时,造成地表及地下水体大量流失的因素主要有两个方面:一是为安全开采水体下压煤资源,从而疏干地表水体;二是在采煤过程中形成的导水裂隙波及地下含水层,水体经裂隙被疏干。两方面因素导致了地表及地下水体的大面积流失,从而造成了水资源的枯竭。

煤矿开采的同时,也带来了地表及地下水体的污染问题[4]。煤矿排出的污水、洗煤厂排出的废水以及煤场和矸石场的淋溶废水等含有的污染物严重超标,矿井污水的排放对地表及地下水体的污染极其严重。

(3)煤矿开采产生大量有毒有害气体。地下煤体中赋存大量有毒有害气体,如一氧化碳、一氧化硫、二氧化硫、硫化氢等有毒气体随着煤炭的采出、经矿井风流被排放到空气中,对矿区环境造成了严重污染。

(4)"三下"压煤严重,资源回收率低。受到地面变形和开采沉陷问题的制约,我国"三下"压煤量已达 140 亿吨。某些矿区"三下"压煤量所占比例甚至超过了矿区可采储量的一半。随着我国经济快速发展,建筑及交通设施占地面积飞速增加,"三下"压煤量有着明显的上升趋势[5-12]。目前在"三下"压煤开采中使用的条带开采工艺最大的问题是采出率低,一般为 30%～60%,造成煤炭资源的极大浪费。

综上所述,有效地解决煤炭开采所带来的一系列问题,对于我国煤炭资源可持续开采、矿区的安全生产及生态环境的保护有着重要意义。

## 1.2 研究目的与意义

近几年来,随着矿山充填技术的迅速发展,从资源回收和环境保护的角度出发,采用充填采煤技术开采“三下”压煤已成为煤矿绿色开采的一个重要方向和研究热点。公格营子煤矿井田位置距离老哈河 2.5 km,河床底部含水砂层为第四系孔隙含水砂层,含水砂层覆盖于煤系地层上部,水文地质条件较复杂,给地下煤矿开采造成了很大的困难和安全隐患。因此,防治水害对于矿井安全生产来说是至关重要的。此外,井田边界南部有公格营子村庄,因此该矿面临着“三下”压煤开采的难题。

根据公格营子矿水文地质条件,原设计按垮落法开采,留设有大量的安全煤柱。为了安全有效地开采强含水层下压煤,最终确定采用巷式充填采煤工艺对公格营子矿进行强含水层下开采实践。

强含水层下巷式充填采煤模式能够有效地控制围岩及上覆岩层变形,限制导水裂隙带的发展,并达到控制地表下沉的目的。巷式充填法和长壁式工作面充填法相比,其自身特点是先形成相间隔的及时充填并固结的胶结充填体巷柱和巷间煤柱,然后巷间煤柱被依次采出并充填,充填体全部充填采空区。巷式充填采煤的采场及围岩结构形态与长壁式工作面充填采煤的采场及围岩结构形态存在明显的差别。巷式充填法采煤所形成的采场的围岩力学性态及覆岩移动有其自身的特点,因此,对“强含水层下巷式充填开采覆岩移动及影响”进行理论探索与研究具有重要的理论意义和实用价值。

## 1.3 国内外研究现状

### 1.3.1 充填开采研究现状

充填开采是指在煤层开采的过程中对采空区用充填材料进行充填,由于采空区中充填材料的及时填入,覆岩层的移动受到限制,从而对地表沉陷起到一定的控制作用。煤矿充填开采方法的分类如图 1.1 所示[13]。

近几十年,国外在矿山充填方面取得了较大的进展[4,14-21]。第一阶段:国外在 20 世纪 40 年代以前,以处理固体废弃物为目的,将矿山废料送入井下采空区。例如,20 世纪 30 年代,加拿大诺兰达公司旗下的霍恩冶炼厂为处理炉渣,将炉渣与磁黄铁矿混合后,充入采空区。第二阶段:20 世纪 40—50 年代,随着水砂充填技术在美国、澳大利亚、加拿大等国家的开发应用,对于矿山充填材料及充填工艺的研究也正式开启[22-25]。第三阶段:20 世纪 60—70 年代,加拿大研究出了尾矿胶结充填技术，于 20 世纪 50 年代末应用于加拿大鹰桥镍矿。在这一阶段，充填体的材料特性、充填体与围岩相互作用关系以及胶结充填中组成充填材料的胶凝料也伴随着胶结充填技术的发展而得到了深入研究。第四阶段：20 世纪 80—90 年代，膏体充填、碎石砂浆胶结充填和全尾砂胶结充填等新技术相继出现，这些充填新技术的应用推动了矿山充填的进一步发展。澳大利亚、加拿大、美国、德国以及南非等国家的矿区也相继应用了这些充填开采新技术。各胶结充填技术定性对比如表 1.1[26] 所示。

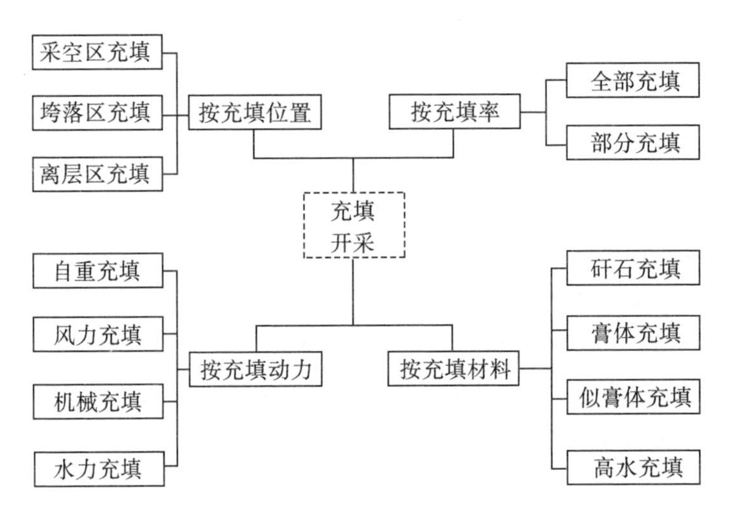


图 1.1　煤矿充填开采方法的分类

**表 1.1　胶结充填技术定性对比表**

| 技术指标 | 低浓度填充 | 高浓度填充 | 膏体填充 | 似膏体填充 |
| --- | --- | --- | --- | --- |
| 胶凝材料 | 水泥、粉煤灰等 | 水泥 | 水泥、粉煤灰等 | 全砂土固结材料 |
| 骨料 | 河砂、山砂、分级尾砂等 | 全尾砂、河砂等 | 河砂、山砂、全尾砂等 | 全尾砂、砂土等 |
| 浆体质量浓度 | 68%以下 | 70%～78% | 75%～85% | 72%～78% |
| 流型、流态 | 牛顿流体、非均质流 | 非牛顿流体、似均质流 | 非牛顿流体、似均质流 | 非牛顿流体、似均质流 |
| 流动性 | 最好 | 一般，似沾塑性体流动 | 不好，似固体状整体移动 | 流动性好 |

续表

| 技术指标 | 低浓度填充 | 高浓度填充 | 膏体填充 | 似膏体填充 |
|---|---|---|---|---|
| 料浆输送形式 | 自流输送 | 自流或泵压输送 | 高压泵输送 | 自流或<br>低压泵输送 |
| 脱水性 | 大量脱水 | 少量脱水 | 微量或不脱水 | 微量或<br>少量脱水 |
| 强度特性 | 抗压、抗剪<br>强度低 | 抗压、抗剪<br>强度高 | 抗压、抗剪强度高 | 抗压、抗剪<br>强度高 |
| 一次性投资 | 小 | 较大 | 最大 | 较小 |
| 技术难度 | 小 | 较大 | 最大 | 较小 |

在1950年以前以及20世纪50年代初期，我国主要采用的充填采矿方法是将废石直接填入采空区，进行干式充填，从而达到处理废弃物的目的。在20世纪50年代中期到60年代初期，我国应用废石干式充填采矿法的矿区逐年减少，到1963年我国有色金属矿中应用废石干式充填采矿法的占比仅为0.7%。废石干式充填技术应用逐年下降的主要原因是水砂充填技术的兴起，水砂充填技术在我国的应用始于1960年左右。20世纪60年代中期，为了有效地控制矿区上方地表的沉降，尾砂水力充填技术首次在锡矿山南矿得到了应用，效果显著。到20世纪70年代，水砂充填技术在我国部分铁矿、铅锌矿及金矿中都有所应用。我国的胶结充填技术始于20世纪60年代中期，最开始采用的胶结充填材料为传统的混凝土材料(混凝土材料的技术要求参照相关建筑标准)，将制备的混凝土胶结充填材料输送至井下对采空区进行充填。混凝土胶结充填在凡口铅锌矿及金川龙首镍矿中均得到了一定的应用。随着矿山充填技术的发展，细砂胶结充填技术于20世纪70—80年代在我国矿山充填技术中占有极大的比例，由于细砂胶结充填技术的兴起，其他充填技术慢慢被淘汰。1970年左右，细砂胶结充填技术开始应用于凡口铅锌矿、招远金矿和焦家金矿等矿山。我国的高浓度充填技术起步于20世纪80—90年代，20世纪80年代末在凡口铅锌矿及金川公司开始进行全尾砂胶结充填试验，到20世纪90年代初期金川公司建成了高浓度自流充填系统，在此期间也进行了膏体充填的工业试验。

可以看出，国外的矿山充填技术要领先国内10～20年的时间。由于借鉴国外丰富的矿山充填经验、先进的矿山充填技术及设备，我国矿山充填技术与国外矿山充填技术之间的差距正在缩小。

我国目前在煤矿中实施的充填开采技术主要有四种，即矸石充填、膏体充填、似膏体充填、高水充填。

张文海等[27-33]对矸石充填采煤工艺进行了设计和介绍，并对相关设备进行了研究，实现了矸石不升井、地面不建矸石山。查剑锋等[34-42]分析了矸石充填对岩层移动的控制，利用矸石置换出煤炭资源，控制了地面沉降和变形。

常庆粮等[43-55]研究了膏体充填的特点、煤矿膏体充填工艺及方法，介绍了膏体充填技术在建筑物、水体下采煤的应用，取得了较好的效果。随着膏体充填技术的推广，膏体输送技术问题（泵送功率大、系统复杂、容易堵管）日益明显[56-59]。张新国等[60-68]着重研究了膏体充填材料的力学性能以及影响料浆流变特性的各种因素。

杨本生等[69-72]介绍了高水及超高水充填的研究现状及发展趋势，表明高水、超高水材料具有含水量高、凝固速度快、早期强度高和凝固时间可调控等优良性能，是一种良好的采空区充填材料。基于这些优点，冯光明等[73-81]对高水、超高水充填开采方法、技术及工艺进行了研究，并在煤矿中进行了相关的工业试验和应用，取得了较好的效果。

似膏体充填作为一种新的充填模式，既具有水力充填料浆流动性能好、易于管道输送的优点，又具有膏体充填井下不脱水或微量脱水等优点，并且可以充分利用工业废渣（如碎煤矸石、矿山尾砂、粉煤灰等）。刘志钧等[82-97]在似膏体充填材料的制备、似膏体充填工艺的设计及充填料浆的流变特性及流动性能的试验方面进行了大量的研究工作，为似膏体充填技术在矿山充填中的应用提供了技术支持和理论指导。似膏体充填技术将工业固体废弃物利用与采动破坏、地表沉陷控制有机结合起来，具有地表破坏程度低、资源利用率高、废弃物排放少的效果，展现出资源绿色开采的内涵和特征，成为矿山绿色开采的一条有效途径。

### 1.3.2 巷式充填开采技术研究现状

巷式充填开采指煤层以掘进巷道的方式被采出，煤体采出后对之前掘进的巷道进行充填的一种充填采煤方法。现有的巷式充填开采技术按照充填材料及充填率的不同可以分为巷式矸石充填开采和巷式似膏体充填开采。

#### 1.3.2.1 巷式矸石充填开采研究现状

巷式矸石充填开采以煤矿生产过程中的矸石为充填材料，利用矸石充填输送机将矸石填入巷式充填开采形成的待充填巷中，置换煤体，在有效地控制覆岩移动的同时实现矸石不升井。此项技术在河北金牛能源公司邢东矿工业广场和先于村进行的保护煤柱试验中成功应用，并在山东淄博矿业集团岱庄煤矿和许厂煤矿进行了工业性试验，取得了成功。巷式矸石充填利用井下及地面矸石置换地下部分留滞的煤体，在为煤矿增创煤炭产量的同时消除了废弃的矸石，为“三下”压煤的开采提供了新方法，并且实现了煤矿的绿色开采。

巷式矸石充填开采技术类似于充填条带开采，但也有着自身的特点。巷式矸石充填开采掘进的巷道宽度及留设的永久煤柱宽度相对于充填条带开采的采宽和留宽来说都小得多。巷式矸石充填开采中形成的“充填体-煤柱-充填体”结构共同支撑着覆岩顶板，煤柱两侧的充填体对于留设的永久煤柱还起到了侧限作用，有利于保持煤柱的长期稳定。

国内专家学者对于巷式矸石充填开采进行了深入的研究：李辉[98]研究了不同级配矸石的压缩特性，对不同强度矸石巷式充填开采覆岩应力、变形规律及地表沉降规律进行了对比分析，为巷式矸石充填有效控制覆岩移动提供了理论依据；胡炳南等[99]对矸石充填巷式开采永久煤柱的稳定性进行了研究，分析了巷式矸石充填效果的影响因素；马超等[100]对巷式矸石充填开采过程中掘进充填顺序对煤柱稳定性的影响进行了研究，优化了巷式矸石充填开采过程中采煤掘进及矸石充填的顺序；张吉雄等[101]研究了矸石井下处理技术，确定了矸石充填巷的布置，对巷式充填开采过程中充填巷两侧永久煤柱的稳定性进行了分析，并设计了巷式矸石充填工艺。

#### 1.3.2.2 巷式似膏体充填开采研究现状

巷式似膏体充填开采技术以矸石、粉煤灰、水泥等为充填材料，在规划的区域内相隔一定距离依次掘进巷道，将地面充填站制成的似膏体料浆通过管路输送至井下工作面，对待充填巷进行充填，待充填体凝固后依次回收巷间煤柱并充填。此项技术在赤峰西拉沐沦公格营子矿得到了成功应用。利用该技术不仅在井下处理了矸石，消除了地面矸石山，而且采出了公路、铁路、建筑物及强含水层下留滞的煤炭资源，取得了良好的经济和社会效益，是实现煤矿绿色开采的重要途径[102-106]。

巷式似膏体充填开采技术与巷式矸石充填开采技术有所不同，两者最本质的区别在于充填材料的不同以及永久护巷煤柱是否留设。对于巷式矸石充填开采，充填材料为矸石，而矸石由于凝结性能差、内聚力低，必须留设一定宽度的永久煤柱，且回采率相对较低；而巷式似膏体充填的充填材料为矸石、粉煤灰、水泥加水混合而成的似膏体材料，由于似膏体材料达到凝结强度后不仅能够实现自立和承受较大的支承压力，并且能够为煤柱提供主动侧限压力，因此不需留设永久护巷煤柱，即可实现巷式全采全充，最大化地回收煤炭资源。因此，巷式似膏体充填开采在充填巷布置、护巷柱体留设宽度、护巷柱体稳定性、充填体应力分布和承载能力方面有着自身的特点。

### 1.3.3 开采沉陷研究现状

开采沉陷造成的严重后果对人们的生产和生活造成了的极大困扰和安全隐患，早在100多年前，人们对于开采沉陷的严重影响已有了一定的了解。19世纪70年代中期，德国约汉·载梅尔矿由于煤矿开采造成的地表塌陷，导致铁路钢轨悬空，火车停运；19世纪末，由于采矿活动的进行，德国柏留克城城区地面突然塌陷，多所房屋被毁；20世纪初，日本在进行海下采煤的过程中，开采形成的地表塌陷扩大了构造裂隙，导致海水沿裂隙灌入井下，致使矿井被海水淹没，死亡人数高达二百多人。

由于开采沉陷对社会发展及人们生产生活造成了极大的危害和安全隐患，因此了解并掌握开采沉陷的形成机理和规律越来越受到人们的关注和重视。各国的学者对于开采沉陷进行了大量的研究[107-113]。日本、波兰、德国和美国等国家对开采沉陷的理论和形成机理进行了广泛的研究，对于开采沉陷的形成机理及规律有了进一步的了解和认识。我国的学者对于开采沉陷的研究始于20世纪50年代，一批地表沉陷观测站先后在我国的开滦、峰峰、大同、抚顺等主要矿区建立起来，经过多年不懈的努力，技术人员对国内各主要矿区的地表进行了大量的沉陷观测工作，在对大量观测结果总结分析的基础上，更深层次地认识和研究了开采沉陷规律[114]。

1838年，多里斯(Doris)首次提出了开采沉陷的“垂线理论”；比利时学者戈诺(Gonot)将多里斯的“垂线理论”进一步完善，结合自己的研究分析，提出了矿山开采沉陷的“法线理论”(1858)；杜蒙特(Dumont)对“法线理论”进行了修正。之后，“二等分线理论”[吉林斯基(Jlcinsky)，1876]、“自然斜面理论”[奥斯特(Oesterr)，1882]、“圆拱形理论”[法约尔(Fayol)，1885]等一系列理论和假设相继出现[115]。20世纪开采沉陷学科得到迅速发展并逐步走向成熟。1903年，哈尔鲍姆(Halbaum)提出地表应变与曲率半径成反比理论[116];1923—1932 年,希米兹(Schimizx)、凯恩霍斯特(Keinhost)和巴尔斯(Bals)等对开采沉陷波及的范围及其影响范围的分带进行了深入的探索和研究,提出了开采沉陷的影响函数概念,使影响函数首次出现在矿山开采沉陷研究中[117];1950 年,布德瑞克(Budryk)和诺特(Knott)提出了几何理论,得出了正态分布的影响函数[118]。

我国学者结合我国具体情况,提出了相应的地表移动与变形的计算公式及参数的确定方法。1965 年,刘宝琛等[119]提出了煤矿地表移动的概率积分法。1978 年,刘天泉等深入研究了不同倾角的煤层开采引起的覆岩破坏与地表移动规律;1981 年,刘天泉和仲惟林等学者共同研究了采动影响下覆岩破坏的基本规律,刘天泉提出的导水裂隙带的概念及导水裂隙带高度计算公式被应用于水体下采煤,为指导水体下安全采煤做出了巨大的贡献[120]。1981 年,何国清等[121]提出了碎块体理论。周国铨等[122]提出了用负指数函数法计算地表移动的方法。在对地质构造中有断层影响条件下的地表移动规律研究的基础上,张玉卓等[123-124]提出了岩层移动的错位理论。吴立新等[125-130]先后提出了开采沉陷相关理论、模型及计算方法。

在开采沉陷的数值模拟研究上,张玉卓、谢和平、何满朝、邓喀中、王泳嘉和麻凤海等学者[115]分别利用有限元法和离散元法在岩层移动和开采沉陷的理论研究和实际应用方面取得了一些非常有价值的成果。另外,也有许多适合岩土工程数值计算的数值软件,如美国 ITASCA 软件公司开发的 FLAC、UDEC 以及 PFC 等一系列计算软件,都为开采沉陷的计算拟合和定量预测奠定了基础。

### 1.3.4 水体下采煤的国内外研究现状

早在 100 多年前,国内外就开始对水体下采煤进行了初步的探索。水体下采煤主要是指在地表水体(河流、湖泊、水库等)及含水层下进行压煤开采。除我国外的其他主要采煤国家(如日本、澳大利亚、美国、加拿大等)对于海底下采煤也进行了成功探索,各国宝贵的水体下采煤经验为水体下安全防水煤岩柱的留设与确定提供了丰富的理论依据与技术指导[131-138]。

我国在各类水体下已经安全采出超过两亿吨的煤炭。1960—1980 年,我国为了广泛开展水体下采煤实践,对水体下采煤形成的导水裂隙带高度进行了大量的观测工作,并对导水裂隙带的观测数据进行了深入的分析研究;1980 年以来,我国许多水体下煤炭资源相继进入了开发和利用阶段,已取得了微山湖下、淮河下、渤海湾地区水域下以及许多矿区含水层下压煤开采的成功。大量的水体下压煤成功开采案例为我国煤炭资源开采提供了宝贵的经验[139-145]。

我国大量的学者对水体下压煤开采的保水开采及采动导水裂隙方面进行了广泛而深入的研究，研究成果为指导水体下采煤提供了完善的理论依据及技术支持[146]。

#### 1.3.4.1 保水开采的研究现状

近些年来，钱鸣高等[147-152]针对我国西部地区水资源匮乏，提出了隔水层保护原理，对西部地区及浅埋煤层保水开采技术进行了系统的研究和实践，也进一步完善了保水采煤理论。缪协兴等[153-158]在岩层控制关键层研究与水在岩体中渗流理论的基础上提出了保水开采隔水关键层的基本概念，对保水关键层进行了深入研究，为水体下采煤提供了技术指导。李春意等[159]建立了隔水关键层的水文地质模型，得出了影响煤层顶底板隔水关键层破坏的主要因素。王永红等[160]重点分析了我国重大煤矿突水事故的典型案例，并对水害治理的实际方法进行了详细探讨。其他专家学者的一系列相关研究也丰富完善了保水开采的理论。

#### 1.3.4.2 采动导水裂隙的研究现状

许家林等[161,162]在理论与实验的基础上研究分析了主关键层的位置对于导水裂隙带高度发育的影响规律，并研究了断裂的关键层块体运动对于导水裂隙发育的影响。高延法等[163-165]通过力学理论研究了覆岩破坏特征及导水裂隙与岩层拉伸变形的关系，从而为判断导水裂隙的高度提供了依据。黄庆亨等[166-168]采用相似模拟的方法研究了浅埋煤层导水裂隙发育规律，更直观地展现了覆岩的动态破坏及导水裂隙带的衍变特征。更有很多学者在覆岩导水裂隙带发育高度的数值模拟及现场实测方面进行了研究，进一步完善了采动导水裂隙的理论与应用基础[169-173]。

### 1.3.5 充填开采控制覆岩移动及破坏研究现状

随着近些年来矿山充填的发展以及越来越提倡矿山绿色开采，充填开采控制覆岩移动变形及破坏也越来越受到人们的重视和关注，对于充填开采控制覆岩移动变形的影响因素及控制效果方面的研究也越来越成熟。国内外学者在覆岩移动变形、破坏规律、充填体的作用机理、充填开采控制地表沉陷的影响因素及规律、充填体与围岩的作用关系等方面取得了一系列丰硕成果[174-181]。主要的研究成果有以下几个方面。

在覆岩移动变形及破坏规律方面，缪协兴等[182,183]对综合机械化固体充填采煤技术进行了理论与实验方面的研究，在分析充填开采覆岩移动等价采高的理论基础上，建立了密实充填开采覆岩移动的结构力学模型，进行了相关的连续介质力学分析，并给出了密实充填开采地表沉陷的相应计算公式，为密实充填采煤覆岩移动及地表沉陷的相关分析提供了理论基础和思路。张吉雄等[184]基于岩层关键层控制理论，针对充填矸石的物理力学特性及覆岩结构特点，系统地研究了矸石充填覆岩移动及地表沉陷特征，研究结果表明提高矸石充填质量可以更好地控制地表的沉陷。黄艳利等[185]研究了不同压实度的充填体对覆岩关键层运动的影响规律，研究表明当充填体有着较小压缩率时，对于覆岩的移动变形可以起到良好的控制作用。程艳琴等[186-188]利用数值模拟分别研究了在有无充填情况下围岩的移动变形情况及深部胶结充填开采覆岩移动变化规律，分析结果表明充填体对于控制覆岩移动变形破坏的作用显著。

在煤矿充填开采充填体的作用机理方面，赵才智[189,190]对煤矿膏体充填材料的性能及应用进行了系统的研究，通过试验分析了膏体材料的强度、坍落度、泌水率等与相关因素间的规律，并针对充填体强度与影响因素间复杂的关系，运用神经网络模型建立了膏体材料强度预测模型；分析了充填体保持自稳的条件及对早期强度的要求，并得出了长壁式间隔膏体充填早、后期强度计算公式。胡炳南等[191-193]利用数值模拟方法对煤矿充填体的作用机理进行了研究，对于条带开采后进行充填的方法，充填体的侧限作用能有效地改善煤柱和围岩系统的应力条件，充填体受覆岩作用的垂直应力与水平应力都随着条带开采的采出率和条带开采的留宽而变化，其变化趋势具有规律性。张东升等[194-196]对于充填体作用进行了相关的力学分析，从充填体的稳定性、固化特性及充填体承载力影响因素等方面进行了深入的探讨研究。

在充填体与围岩作用及充填开采控制地表沉陷方面，周华强等[45]提出了村庄下膏体充填的采煤模式，分析了煤矿膏体充填的特殊性，基于膏体充填对于控制地表沉陷的良好效果，指出了膏体充填不迁村采煤技术的研究方向。刘长友等[197]分析了在全部充填采空区的条件下，充填体的压缩率对控制覆岩层移动变形的影响规律，得出了充填体允许压缩率保持在一定范围内可以有效地控制覆岩移动及保持关键层稳定性的结论。谢文兵等[198]基于 UDEC 详细分析了部分充填开采时充填体围岩应力和位移的变化规律及特点,对不同充填方式与关键层断裂的关系及围岩稳定性进行了研究,总结了充填空顶间隔的大小及充填条带宽度对于部分充填围岩稳定性的影响规律。许家林等[199,200]针对煤矿充填成本偏高等问题,提出了条带充填控制开采沉陷的方法,对采场进行条带充填开采时充填体与围岩形成的"充填条带—上覆岩层—主关键层"结构体系进行了研究,并对条带充填开采控制地表沉陷的方法进行了设计。

## 1.4 强含水层下巷式充填开采面临的问题

由于技术、经济等各方面因素的制约,我国近几年才大规模采用胶结充填法充填采空区,如山东的太平煤矿和孙村煤矿、河北的小屯煤矿、内蒙古的公格营子煤矿等。目前,对于煤矿胶结充填开采的研究主要侧重于充填开采技术和工艺的开发与应用,关于强含水层下巷式充填采煤采场围岩的力学作用机理及围岩控制理论的研究尚不多见。

因此在研究中很关键的实际问题就是:强含水层下巷式充填法采煤采动覆岩的岩层移动特征是怎样的,如何设计合理的巷式充填采煤工艺,巷式充填护巷柱体(煤体或充填体)的留设宽度、稳定性如何确定。除此之外,巷式充填开采不同充填质量条件下覆岩的移动变形情况、不同影响因素条件下巷式充填开采导水裂隙带的发育规律以及巷式充填采动沉陷对地表建(构)筑物的影响也是亟须探究的问题。这些问题的解决与探究不仅直接关系到煤矿的安全经济生产,而且将为强含水层下巷式充填开采提供重要的参考依据,对公格营子矿进行强含水层下开采有着实际的指导意义。

## 1.5 主要研究内容

根据强含水层下巷式充填开采面临的问题,现提出本书的主要研究内容如下。

(1)结合公格营子矿的实际情况,确定充填材料的优化配比,分析巷式充填开采的工作原理,对巷式充填采煤的工作面进行布置,合理规划巷式充填开采过程中充填巷道的掘进充填顺序,设计充填材料在地表制备后输送至井下的充填工艺及巷道充填工艺,研究巷式充填开采覆岩移动特征,对覆岩移动影响因素进行分析。

(2)基于弹性地基梁解析方法,建立巷式充填开采采场力学模型,包括巷式充填开采护巷柱体稳定性力学模型和巷式全部充填顶板移动变形力学模型,分别推导出各模型顶板岩梁挠曲函数表达式。

(3)根据巷式充填开采护巷柱体稳定性力学模型的解析解,分析护巷柱体上支承压力的分布规律以及护巷柱体留设宽度的确定方法;根据巷式全部充填顶板移动变形的力学模型的解析解,分析顶板岩层可能发生断裂破坏时的极限跨距以及当顶板岩层达到极限跨距时顶板岩层所能承受的极限挠度,分析在不同充填质量影响条件下顶板移动变形情况。

(4)分析巷式充填开采覆岩移动及导水裂隙带发育高度的影响因素。基于巷式充填开采等价采高理论,在巷式全部充填顶板移动变形的力学模型的基础上,建立覆岩断裂力学模型;当充填体上方的顶板岩梁达到极限挠度时,必然会发生断裂,分析导水裂隙带可能的发育高度;基于有限差分方法,采用 $FLAC^{3D}$ 数值分析软件模拟巷式充填采煤覆岩移动及导水裂隙带的发育规律,分析影响上覆岩层移动的主要因素(采厚、充填率以及充填体弹性模量等),并通过回归分析得出导水裂隙带高度随各影响因素变化的关系式。

(5)确定巷式充填开采防水煤岩柱的高度,分析地表沉陷的程度。结合公格营子矿的工程应用,确定强含水层下巷式充填开采防水煤岩柱的高度,分析巷式充填开采对上覆强含水层的影响;同时对巷式充填开采地表移动变形情况进行预测,分析巷式充填采动对地表村庄的影响。

## 1.6 本章小结

本章介绍了充填开采、巷式充填开采、开采沉陷、水体下采煤以及充填开采控制岩层移动破坏及地表沉陷的国内外研究现状,归纳总结了我国充填采煤技术在煤矿开采中的使用情况;分析了强含水层下巷式充填开采面临的问题,针对提出的问题,确定了主要研究内容:分析巷式充填采煤的工作原理及覆岩移动特征,建立巷式充填开采力学模型,分析巷式充填开采护巷柱体的稳定性、覆岩移动变形及导水裂隙带发育规律等。

# 第二章　强含水层下巷式充填开采岩层移动特征

确定充填材料的组成与配比、选择合适的采煤充填工艺以及控制覆岩移动变形是巷式充填开采实施过程中最重要的三个组成部分。为此，本章基于公格营子矿的工程背景，确定采用巷式充填开采的模式进行强含水层下压煤开采，选择了合适的充填材料，介绍了巷式充填开采的工作原理，分析了强含水层下巷式充填开采覆岩移动特征，并对控制覆岩移动变形效果的影响因素进行了研究。

## 2.1　强含水层下巷式充填采煤法的确定

公格营子矿区距老哈河 2.5 km，河床底部含水砂层覆盖于煤系地层上部，为第四系孔隙含水砂层，是厚度为 20～23 m 的强含水层，也是该矿的主要含水层。公格营子矿的主采煤层为 6 煤，平均厚度为 15 m，属于特厚煤层，煤层倾角为 5°～14°，没有较好的和较完整的泥岩隔水层，岩石裂隙较发育，裂隙有导水性，岩层信息如表 2.1 所示。公格营子矿面临着如何开展强含水层下安全采煤的问题，一旦处理不好，可能发生重大水害事故。因此研究确定采用何种采煤方法进行强含水层下开采具有重大意义。

表 2.1　岩层信息

| 累深/m | 层厚/m | 岩石名称 | 岩性描述 |
|---|---|---|---|
| 4.80 | 4.80 | 表土 | 黄色，砂质黄土 |
| 28.98 | 23.18 | 流砂 | 黄色，石英颗粒为主，松散 |
| 70.48 | 47.30 | 砂砾岩 | 灰白色，以石英颗粒为主，含片麻岩小砾石，松散 |
| 76.17 | 5.69 | 砂砾岩与泥岩互层 | 灰黑色，泥质，含砂量自上而下增多 |
| 79.24 | 3.07 | 煤 | 黑色 |
| 101.21 | 21.97 | 砂砾岩 | 灰及灰白色，以片麻岩砾石为主，含石英颗粒，固结坚硬，局部松散破碎 |
| 103.50 | 2.29 | 煤 | 黑色 |
| 118.43 | 14.93 | 砂砾岩与泥岩互层 | 灰及灰黑色，以石英颗粒为主，含砂量自上而下增多 |
| 123.82 | 5.39 | 煤 | 黑色 |
| 127.29 | 3.47 | 砂岩 | 灰黑色，以石英颗粒为主 |
| 132.95 | 5.66 | 砂砾岩 | 灰色，以石英颗粒及麻岩小砾石为主 |
| 147.49 | 14.54 | 煤 | 黑色 |
| 150.24 | 2.75 | 砂砾岩 | 灰色，以石英颗粒为主 |
| 152.14 | 1.90 | 煤 | 黑色 |
| 168.83 | 16.69 | 砂砾岩 | 灰色及灰黑色，以石英颗粒为主 |

基于以上的采矿地质条件，为了防止上部含水层受“三带”（冒落带、裂隙带、弯曲下沉带）影响造成透水等矿井安全事故，公格营子矿确定采用巷式充填采煤方法。所谓巷式充填采煤，是指在采煤工作面间隔一定距离用掘进机依次掘进巷道，煤体以掘进巷道的方式被采出，掘进后的巷道及时进行支护和充填，待各充填巷中充填体完全凝固后，进行充填巷间煤柱的依次采掘及充填，最终煤体被充填体全部置换出。巷式充填采煤方法具有资金投入小、工艺灵活、采煤和充填工序相互影响小等优势，较适合局部充填开采[102-104]。

因此，对于公格营子矿主采煤层为 6 煤、平均煤厚 15 m 且属于特厚煤层的情况，根据巷式充填开采工艺特点结合现有充填设备，确定采用分层充填开采，在每个分层内，采煤工艺采用巷式充填开采工艺，分层厚度 3 m，总共分 5 层。对每个分层依次进行巷式全部充填开采。而当煤层厚度变化较大时，应重新确定煤层的分层界线以及非层状煤体的采掘范围，进行巷式部分充填开采。对于强含水层下巷式充填采煤，由于充填率是影响导水裂隙带发育高度及地表移动变形的关键因素，为确保公格营子矿强含水层下煤炭的安全充填开采，并有效减小地表移动变形，确定充填率为 90%。

## 2.2　充填材料的组成与配比

在确定采用巷式充填采煤方法后，接下来所面临的问题是选择什么样的充填材料。充填材料的选择关系到充填的质量与成本。由于充填目的和建筑物的保护等级不同，充填材料成分具有多样性、复杂性，堆放时间具有不确定性并且产量的规模不同，必须考虑充填材料的“质”和“量”，具体煤矿充填材料的要求要根据具体情况而定[26]。充填材料的选择应符合以下原则。

(1)强度。充填材料应具有合适的强度。煤矿充填的目标就是以尽可能低的充填成本获得满足安全生产及充填工艺要求的最佳强度的充填体。充填体强度过高会浪费水泥，充填体强度过低则达不到预期的目的。

(2)流动性。要使制成的浆体能顺利地输送到井下，良好的流动性可以有效地防止堵管事故的发生。

(3)脱水量。充填料浆形成充填体前的脱水量要小。充填料浆具有较小的脱水量既可以在工作面减少排水设备，也可以减少因排水而带走大量固体颗粒的情况，保证充填料浆的浓度。

(4)成本。充填材料的成本要低。矿山经营的目的就是盈利，在确保生产安全的前提下，利润最大化是企业追求的目标。因此，在保证充填质量的前提下，简单实用的工艺、廉价的充填材料是煤矿充填开采技术的关键。

(5)材料来源。长距离运输充填材料将增加充填材料的成本，因此充填材料应尽可能地就地取材、加工，同时要保证充填材料来源充足。

充填材料主要包括胶结料和骨料。因此，在公格营子矿巷式充填开采中，胶结材料采用水泥，骨料主要包括：①粗骨料，粒度不大于 20 mm 的破碎煤矸石；②细骨料，主要选用劣质砂、白灰渣、粉煤灰。

经多次试验和优化，最终确定的充填材料优化配比为：水泥 3%、煤矸石

30%、粉煤灰20%、白灰渣10%、劣质砂13%，似膏体料浆浓度76%。充填材料优化配比及强度性能如表2.2所示。

表2.2 充填材料优化配比及强度性能

| 似膏体料浆浓度/% | 劣质砂/% | 煤矸石/% | 粉煤灰/% | 白灰渣/% | 水泥/% | 抗压强度/MPa | | | | |
|---|---|---|---|---|---|---|---|---|---|---|
| | | | | | | 12 h | 1 d | 3 d | 7 d | 28 d |
| 76 | 13 | 30 | 20 | 10 | 3 | 0.11 | 0.28 | 0.52 | 0.91 | 1.82 |

## 2.3 巷式充填开采基本工作原理

### 2.3.1 充填巷尺寸及掘进顺序

#### 2.3.1.1 充填巷尺寸

公格营子矿工作面煤层分层厚度为3 m，充填巷掘进完成后进行充填。综合考虑巷道施工工艺和生产效率，并结合公格营子矿现有工作面巷道断面形式，设计充填巷断面为矩形，其宽为4 m，高为3 m。充填巷断面如图2.1所示。

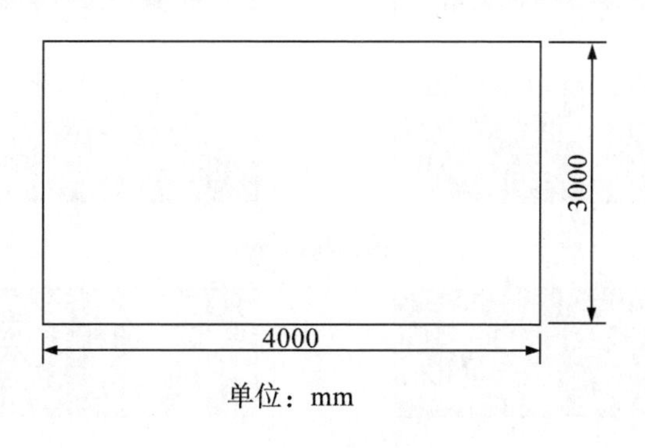


图2.1 充填巷断面图

#### 2.3.1.2 充填巷掘进与充填顺序

充填巷掘进与充填顺序的合理布置主要考虑以下因素。

(1)两相邻充填巷的掘进应间隔一定距离。这是因为似膏体充填料浆充入已掘进巷道后，料浆凝固及达到最终强度需要28天的时间，若下一条巷道紧挨着相邻的充填巷掘进,可能造成充填巷道中的充填料浆流入正掘进的巷道,影响充填采煤作业的同时,充填率也得不到保障,从而影响覆岩移动变形的控制效果。

(2)确定先后掘进的两条相邻巷道间隔的合理距离时,应综合考虑巷间煤柱(充填体)的稳定性以及充填体的凝结时间。

(3)在保证相邻充填巷间煤柱(充填体)稳定性的情况下,应尽量减少巷式充填开采的循环次数。

以三轮循环为例,巷式充填开采的循环示意图如图 2.2 所示。

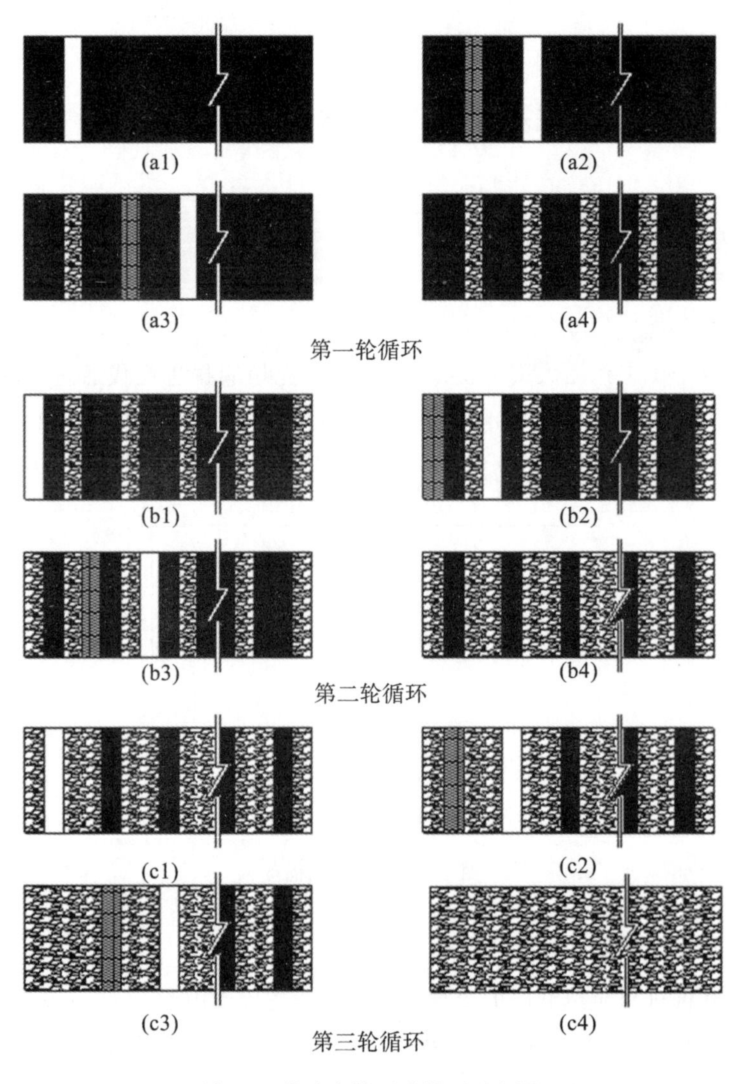


图 2.2　巷式充填开采循环示意图

### 2.3.2 巷道充填工艺

充填的过程是先对矸石进行破碎加工，然后把破碎矸石、粉煤灰、白灰、河砂、水泥和水等物料按比例混合搅拌，制成似膏体浆液，再通过充填泵把似膏体浆液输送到井下充填工作面。充填系统工艺流程图如图 2.3 所示。

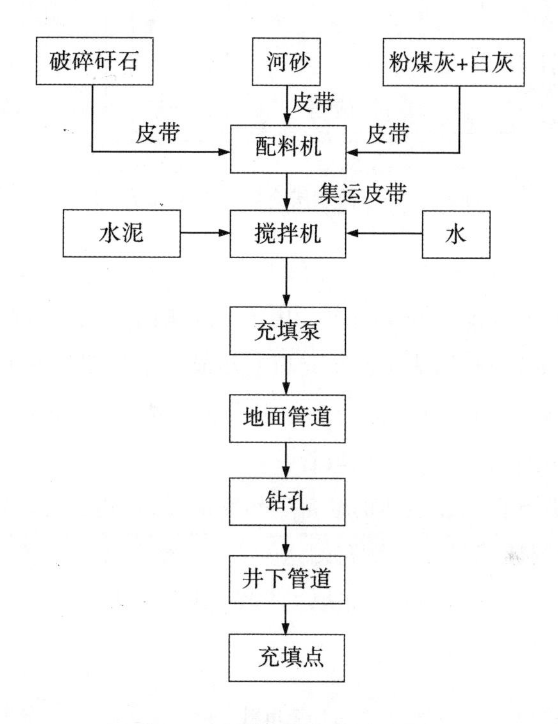


图 2.3 充填系统工艺流程图

#### 2.3.2.1 工作面巷式充填工作系统

工作面的切眼、区段运输巷、区段回风巷以及布置在区段回风巷中的充填管路等构成具有回采、通风、充填、运输等功能的工作系统。工作面巷式充填工作系统示意图如图 2.4 所示。在工作面巷式充填采煤过程中，掘进机由区段运输巷沿倾斜方向向区段回风巷掘进，在区段运输巷与区段回风巷相通后，由区段回风巷向下对已掘进巷道进行充填。

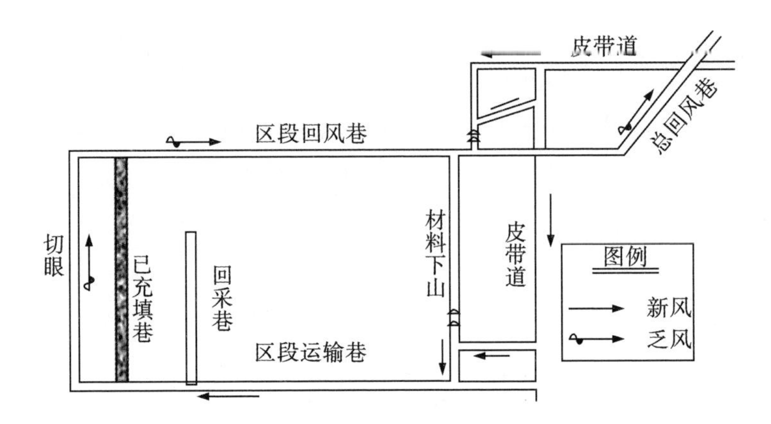


图 2.4 工作面巷式充填工作系统示意图

2.3.2.2 巷道充填工艺详细介绍

(1)待充填巷充填前的准备工作。从运输顺槽向回风顺槽掘进巷道,当待充填巷掘进完成形成通路后,为了使待充填巷形成一个封闭的充填空间,在待充填巷两端靠近运输顺槽和回风顺槽处应分别设置充填挡板,并在靠近回风顺槽充填挡板的顶部位置打孔,并插入充填管。

(2)巷道充填流程。充填前的准备工作完成后,从地面充填站用充填泵将制备的似膏体充填料浆通过充填钻孔输送至井下,经布置在区段回风巷中的充填管路向待充填巷进行充填。巷道充填工艺图如图 2.5 所示。

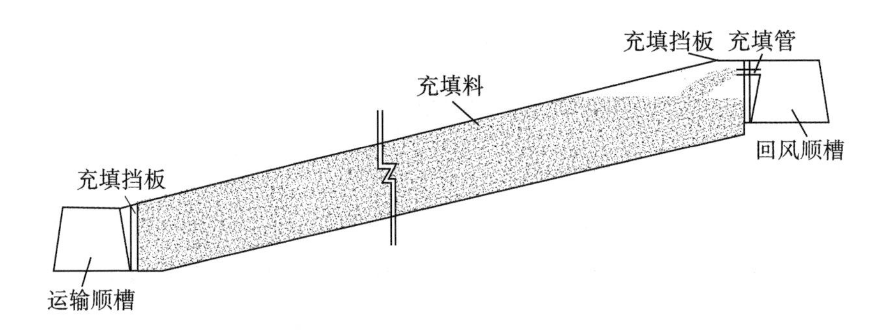


图 2.5 巷道充填工艺图

# 2.4　强含水层下巷式充填开采覆岩移动特征及影响因素

## 2.4.1　巷式充填开采覆岩移动变形机理

随着煤体以掘进巷道的方式被采出，在充填体未充入充填巷时，巷道上方顶板岩层由于受到来自上覆岩层的压力作用，会产生一定的弯曲下沉，即充填前巷道的顶、底板存在一定的移近量。充填前待充填巷的顶、底板移近量取决于矿山压力、围岩条件以及巷道的支护质量。结合图 2.2 巷式充填开采循环示意图，巷式充填首轮循环以掘进两条充填巷为例，岩层移动第一阶段示意图如图 2.6 所示。

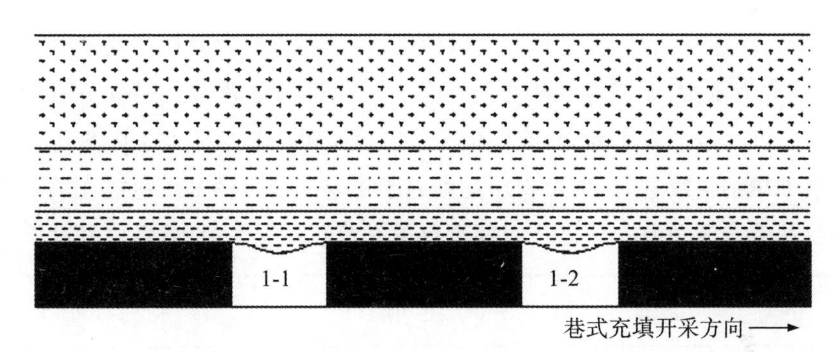


1-1—第一轮循环 1 号待充填巷；1-2—第一轮循环 2 号待充填巷。

图 2.6　岩层移动第一阶段示意图

当充填体充入待充填巷后，随着巷式充填开采的依次进行，充填宽度增加，顶板岩层弯曲下沉，与充填体接触后，随充填体的压缩而逐渐向下移动，顶板岩层下沉量超过岩层所能承受的极限挠度时，顶板岩层发生断裂。当下沉量较大时，顶板岩层可能会在充填体之上发生规则的断裂。下沉量取决于充填前顶、底板的移近量，充填体的充填率及充填体的压缩量。结合图 2.2 巷式充填开采循环示意图，巷式充填第二轮循环以掘进并充填两条充填巷为例，岩层移动第二阶段示意图如图 2.7 所示。

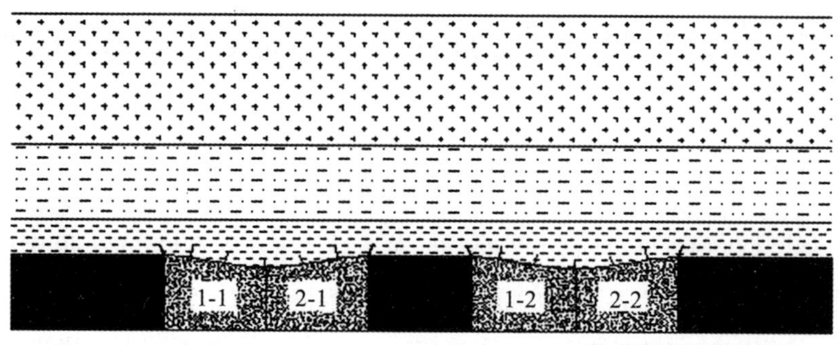


1-1—第一轮循环 1 号充填巷;1-2—第一轮循环 2 号充填巷;
2-1—第二轮循环 1 号充填巷;2-2—第二轮循环 2 号充填巷。

图 2.7　岩层移动第二阶段示意图

随着充填循环的进行,充填宽度继续增加,断裂岩层及充填体受覆岩自重应力作用被逐渐压实,上覆岩层随之向下移动。当下沉量超过岩层本身所能承受的极限挠度时,岩层发生断裂,裂隙向上发育直至某一岩层不发生断裂为止。此后,随着充填的继续进行,顶板岩层逐渐趋于稳定。结合图 2.2 巷式充填开采循环示意图,巷式充填第三轮循环以掘进首条充填巷并充填为例,岩层移动第三阶段示意图如图 2.8 所示。

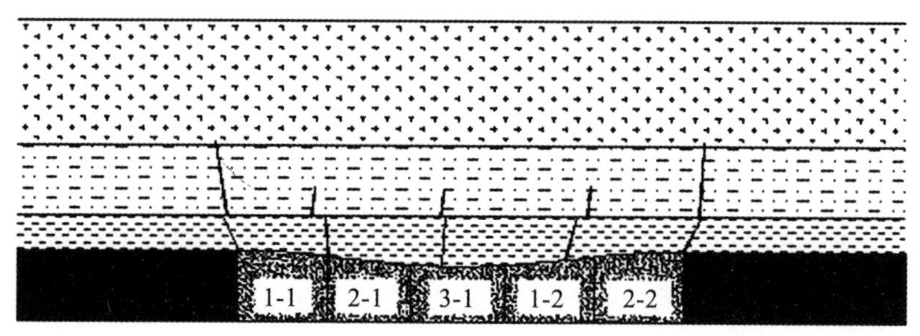


1-1—第一轮循环 1 号充填巷;1-2—第一轮循环 2 号充填巷;
2-1—第二轮循环 1 号充填巷;2-2—第二轮循环 2 号充填巷;
3-1—第三轮循环 1 号充填巷。

图 2.8　岩层移动第三阶段示意图

依据上述分析,可以将覆岩动态破坏过程分为 3 个阶段。

(1)未充填前,顶板岩层下沉,顶、底板产生移近量。

(2)待充填巷充填后,随着充填宽度的增加,顶板岩层随充填体的压缩弯曲下沉,产生断裂。

(3)随着充填循环的继续,裂隙依次向上发育,直至某一岩层不发生断裂为止,此后,顶板岩层逐渐趋于稳定[35]。

对于强含水层下巷式充填来说,其充填效果应可以有效地降低导水裂隙带的高度,使导水裂隙带不波及含水层。巷式充填全部完成后,巷式充填岩层移动示意图如图 2.9 所示。

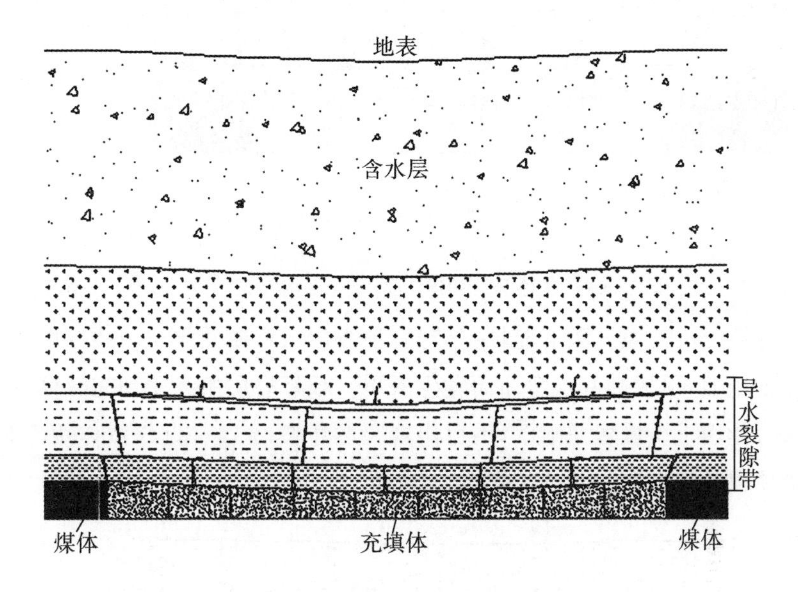


图 2.9 巷式充填岩层移动示意图

### 2.4.2 巷式充填开采覆岩移动破坏特征

根据前面的分析,巷式充填开采覆岩移动按照顶板岩层不同的断裂破坏情况又可分为 3 种形式:①顶板为规则断裂岩体;②顶板为裂隙岩体;③顶板为弯曲岩体[201]。

#### 2.4.2.1 顶板岩层为规则断裂岩体的破坏特征

这种情况发生在充填率较低时。顶板岩层与充填体不接触,两者之间的自由空间相对较大。在充填开采过程中顶板岩层失去下部支撑,受荷载作用弯曲下沉。当顶板岩层弯曲程度大于岩层的极限挠度时,岩层将会发生断裂,破碎成块。但由于采空区充填体的承载作用,不会形成垮落法开采时破碎、杂乱的垮落岩块,岩层基本保持原有的层次,称为规则断裂带。随着巷式充填开采的进行,充填宽度增加,裂隙逐渐向上发育,在规则带的上方存在着裂隙带和弯曲带,其破坏变化形态与垮落法类似,但其破坏程度和发育高度相对较小。巷式充填开采顶板规则垮落示意图如图 2.10 所示。

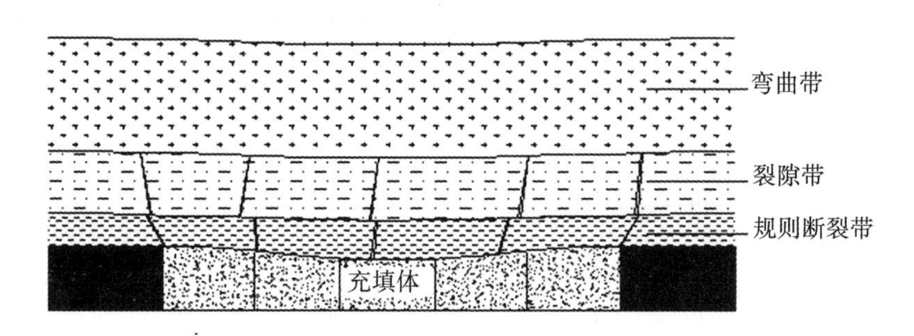


图 2.10 巷式充填开采顶板规则垮落示意图

2.4.2.2 顶板岩层为裂隙岩体的破坏特征

这种情况下充填开采的充填率较高,顶板岩层弯曲并与充填体接触后,随着充填体被压缩,顶板进一步弯曲而发生断裂。顶板岩层始终受到充填体的支撑,在其反力作用下缓慢弯曲下沉,不会出现突然断裂,充填体起缓沉作用。巷式充填开采顶板断裂变形示意图如图 2.11 所示。

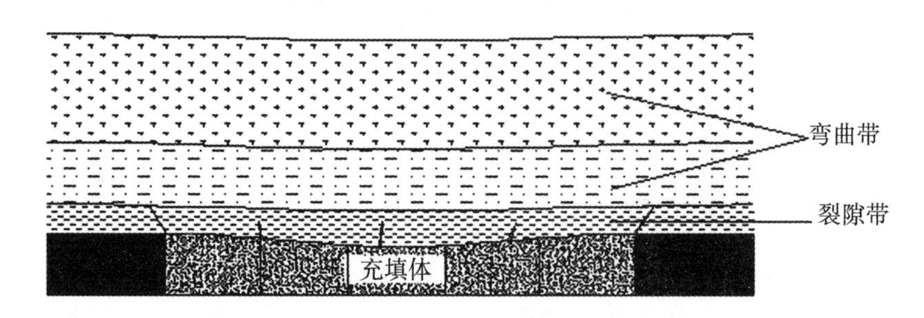


图 2.11 巷式充填开采顶板断裂变形示意图

2.4.2.3 顶板岩层为弯曲岩体的变化特征

这种情况下充填开采的充填率更高,接近 100%充填。充填体弹性模量较高时,受上覆岩层荷载作用后充填体的压缩变形量极小,顶板岩层的给定变形量亦很小,达不到顶板岩层断裂时的极限挠度,上覆岩层只形成弯曲带。巷式充填开采顶板弯曲变形示意图如图 2.12 所示。

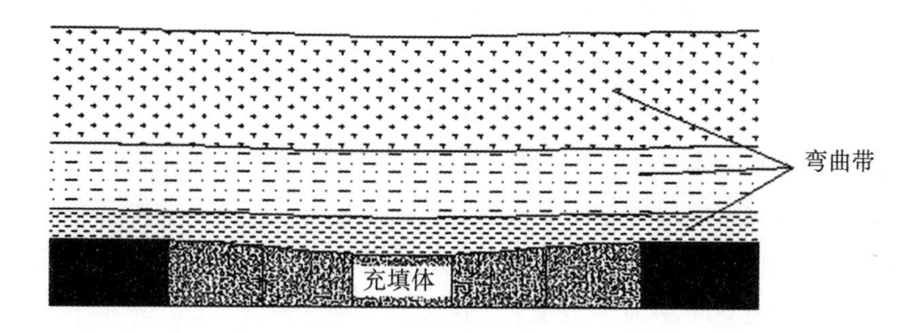


图 2.12 巷式充填开采顶板弯曲变形示意图

弯曲带可以从煤层上覆岩层发育到地表，弯曲带岩层没有裂隙的生成和贯穿，因而其阻水、隔水性能好。特别是覆岩为泥岩类软弱岩层时，隔水性能更好，可作为强含水层下开采时良好的隔水保护层。

因此，在巷式充填开采过程中，只要达到一定的充填率，由于充填体的缓沉、减沉作用，覆岩移动破坏形式主要以裂隙为主，其破坏高度相对于垮落法开采有明显降低，这也是强含水层下巷式充填开采能够缩小防水煤岩柱、提高回采上限的根本原因。

### 2.4.3 巷式充填开采控制覆岩移动变形的影响因素分析

通过对巷式充填开采覆岩移动特征的描述可以看出，在巷式充填开采充填巷道掘进和充填的过程中，由于充填的滞后性以及充填体的凝固需要一定时间，上覆岩层将产生一定的移动变形，甚至发生破坏。对岩层的移动变形控制效果越好，越有利于保持覆岩的稳定，在减缓覆岩下沉的同时，还可控制导水裂隙带的发育。因此，需要对巷式充填开采控制覆岩移动变形的影响因素进行分析。

影响巷式充填开采控制覆岩移动变形效果的因素主要有三方面，即下沉量因素、充填质量因素和岩性因素。

(1)下沉量因素：充填前顶、底板的移近量。

(2)充填质量因素：充填欠接顶量、充填体压缩量。

(3)岩性因素：顶、底板岩层压缩量。

对于下沉量因素，充填巷道开挖后，顶、底板及围岩呈卸载状态，由于覆岩的压力作用，顶板及围岩将产生变形，从而减小可充填空间，并在一定程度上影响了巷式充填开采控制覆岩移动变形的效果。

对于充填质量因素，充填率的高低直接影响充填体接顶效果的好坏，提高充填率有助于降低充填欠接顶量，从而进一步控制覆岩的移动变形。而充填体的压缩量指顶板与充填体接触后，充填体在顶板压力下进一步压缩导致的顶板下沉。因此，提高充填体的弹性模量可以降低充填体的压缩量，保证巷式充填覆岩移动的控制效果。

对于岩性因素，若顶板岩层为软弱岩层，在煤体采出至充填巷充满这段时间内，顶板已有较大下沉，从而造成覆岩沉陷控制效果变差。

综上所述，对于影响巷式充填开采控制覆岩移动变形的三方面因素，下沉量因素和充填质量因素都是人为可控的。为使巷式充填开采过程中对覆岩移动变形有更好的控制效果，应提高待充填巷的支护效果以及充填质量(充填率、充填体压缩量)，从而进一步抑制覆岩的移动变形。

## 2.5 本章小结

(1)针对公格营子矿采矿地质条件，确定了公格营子矿采用巷式充填分层开采，分层厚度为 3 m，共分 5 层，并设计充填率为 90%。

(2)明确了充填材料选择的要求，确定了充填材料优化配比：水泥 3%、煤矸石 30%、粉煤灰 20%、白灰渣 10%、劣质砂 13%，似膏体料浆浓度 76%。

(3)论述了公格营子矿工作面巷式充填开采的工作原理，设计了充填巷的尺寸，充填巷断面为矩形，其宽为 4 m，高为 3 m；分析了充填巷的掘进充填顺序的影响因素及原则，对巷式充填的工作面进行了布置，并设计了巷式充填的巷道充填工艺。

(4)研究了巷式充填开采覆岩移动变形机理及覆岩破坏特征，并对巷式充填开采控制覆岩移动变形的效果进行了分析。分析结果表明，下沉量、充填质量和岩性是影响巷式充填开采控制覆岩移动变形效果的三大主要因素。

# 第三章　巷式充填开采力学模型的建立与分析

上一章确定了公格营子矿采用巷式充填开采技术，接下来所面临的问题是如何安全开展巷式充填开采。其中的关键问题是如何保障巷式充填开采护巷柱体稳定性及减小全部充填后顶板的移动变形。护巷柱体的稳定性关系到采煤和充填工作的顺利进行，而巷道全部充填后顶板的移动变形关系到强含水层下导水裂隙带的发育情况。本章根据巷式充填动态过程中的两个关键问题，分别建立了巷式充填开采的力学模型，并对巷式充填力学模型进行了相关的力学分析与计算；针对公格营子矿的采矿地质条件确定了巷式充填开采护巷柱体的宽度，并分析了不同充填率情况下顶板的移动变形程度。以上工作为之后进一步了解和掌握巷式充填开采覆岩移动变形的规律及指导公格营子矿强含水层下巷式充填开采的应用实践提供了依据。

## 3.1　巷式充填开采力学模型

在巷式充填开采过程中，改变了巷道围岩原始应力场的分布状态，上覆岩层受力变化经历了三个过程[103,105]。

(1)第一条巷道采掘完成后，在间隔一定距离处掘进第二条巷道的同时对第一条巷道进行充填。受采动影响，巷道顶板发生移动变形，此时第二条巷道尚未充填，上覆岩层由煤体和尚未完全凝固的充填体共同支撑。

(2)按照回采工艺，巷式充填首轮循环开采完成后，开始回采巷间煤柱，已经凝固的充填体对顶板和煤柱分别起支撑和侧方限制作用，此时，工作面上覆岩层由充填体与巷间煤柱共同支撑。

(3)巷间煤柱依次采掘并进行充填,直至煤体全部由充填体置换完毕,此时工作面上覆岩层全部由充填体支撑。

在整个开采过程中,支撑上覆岩层的煤体逐步由充填体所替代。由于实际充填率达不到100%,并且充填体具有一定的可压缩性,充填体上方的覆岩层在重力的作用下逐步产生一定的弯曲变形。在存在护巷煤柱的情况下,由于充填体达到足够的强度需一定的凝固时间,煤柱上方压力增大,充填体产生一定的弯曲变形后,煤柱与充填体共同承担覆岩荷载。在全部回采结束后,覆岩压力平均分布在充填体上。整个过程表现为从煤体的一元承载结构转向煤体与充填体的二元承载结构,再从煤体与充填体的二元承载结构转向充填体的一元承载结构[39]。

根据上述分析,巷式充填的动态过程可以分为三个主要阶段:第一阶段,煤体以掘进巷道的方式采出后,由于设置了充填挡板、充填过程及料浆凝固需要一定时间,采场顶板下护巷柱体(煤体)两侧为待充填巷和正掘进巷道(空区—护巷柱体—空区);第二阶段,充填巷充填完毕,料浆凝固,护巷柱体(煤体)和充填体共同支撑采场顶板(充填体—护巷柱体—充填体);第三阶段,护巷柱体中煤体被依次采出并充填,顶板下全部为充填体。为保证充填巷充填工作的顺利进行,护巷柱体(煤体或充填体)在充填巷未充填完毕前,应保证自身的稳定性,防止失稳破坏而给之后的回采及充填工作带来不利影响。相对于巷间护巷柱体为煤体,巷间护巷柱体为充填体时,稳定性相对较差。从安全角度考虑,为分析巷式充填开采巷间护巷柱体的稳定性及充填后覆岩的移动变形程度,本书建立了巷式充填开采护巷柱体(充填体)稳定性力学模型及巷式全部充填顶板移动变形力学模型。

在巷式充填开采中,采场的顶板是岩层或者顶煤,为了简化研究问题,根据工作面回采中顶板的受力特征及本章主要研究结构在屈服破坏之前(顶板未断裂)的力学特征,结合实际,为建立巷式充填采场力学模型做以下几个假设。

(1)煤层及岩层均为水平成层。

(2)开采工作面为直线性工作面。

(3)煤体及顶板均没有大的地质构造破坏。

(4)煤体(充填体)及顶板在屈服破坏之前为弹性体。

(5)顶板上受均布荷载 $q$。

首先,对于巷式充填开采护巷柱体稳定性力学模型,由以上假设,可以把采场两侧帮及中间的护巷柱体视为弹性基础,由于充填巷的长度远大于充填巷的宽度，且顶板的厚度相对于板面内的最小特征尺寸（顶板的倾斜长度）小得多，板厚与板面内的最小特征尺寸之比不大于 1/5，因此可把顶板视为在弹性基础之上弹性介质组成的柱面弯曲薄板，如图 3.1 所示。对于柱面弯曲薄板，其在倾斜方向的长度较长，且薄板受均匀的垂直荷载，在沿倾斜方向离薄板两端较远处，可在待充填巷的中央位置上方薄板上取一横截面 $xOw$ 面，则所有应力分量、应变分量、位移分量都不沿 $y$ 轴方向变化，任意横截面上的所有点都只会沿着 $x$ 轴、$w$ 轴方向移动，不会产生 $y$ 轴方向的位移，所以各点的位移矢量都平行于 $xOw$ 面。因此可将薄板受力问题看成是平面应变问题。对于柱面弯曲板，则可以用单位宽度的梁来表征，那么该问题可简化为讨论弹性基础上的梁的弯曲问题。在图 3.1 上沿工作面倾斜方向（$y$ 轴方向）中部取单位长度，得到图 3.2。坐标方向选择如图 3.2 所示。其中，护巷柱体宽度为 $2a$，待充填巷宽度为 $b$，梁顶板的均布荷载为 $q$，$W_1$、$W_2$、$W_3$ 分别为不同梁段上的挠度（$W_{1'}$、$W_{2'}$、$W_{3'}$ 和 $W_1$、$W_2$、$W_3$ 是对称的）。

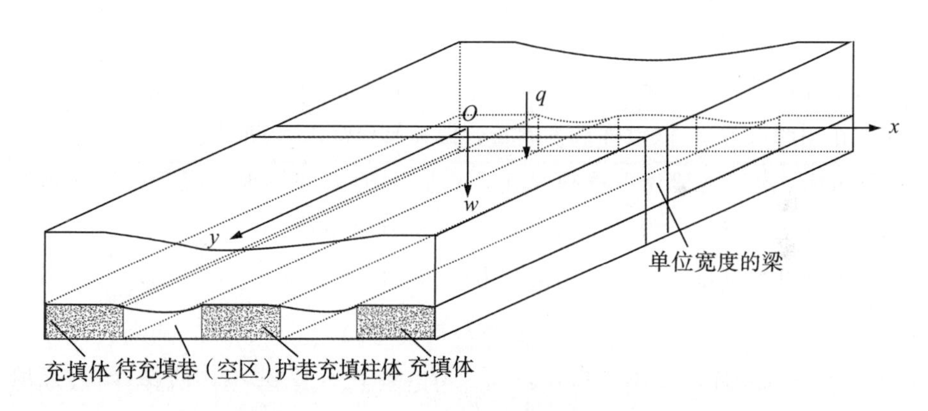


图 3.1　柱面弯曲薄板

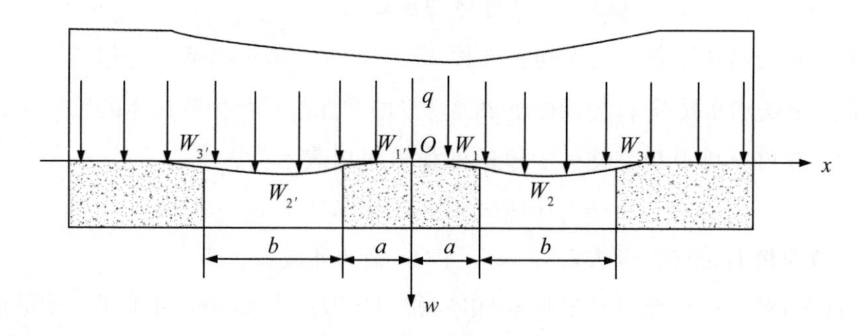


图 3.2　梁的受力模型

### 3.1.1 巷式充填开采护巷柱体稳定性力学模型

#### 3.1.1.1 “空区—护巷柱体—空区”上梁的挠曲微分方程

如上所述，当顶板未垮落时，巷式充填力学模型的具体表现形式为弹性基础上的梁的弯曲，如图 3.2 所示。由图 3.2 可以看出，梁的力学模型对称于坐标轴 $w$，由于对称性，只研究坐标轴 $w$ 右侧区域($x \geqslant 0$)即可。取如图 3.2 所示的坐标系，$w$ 轴过护巷柱体中央，竖直向下。

梁的挠度 $W$ 仅与一个坐标 $x$ 有关，其微分方程如下：

$$EI\frac{\mathrm{d}^4 W}{\mathrm{d}x^4}=q_z \tag{3.1}$$

式中，$E$——梁的弹性模量；

$I$——梁的惯性矩，$I=h^3/12$，其中 $h$ 为梁的厚度；

$W$——梁的挠度；

$q_z$——梁的外载。

对于弹性基础上的梁，在均布荷载 $q$ 的作用下，在梁与地基的基础面上将产生向上作用的反力 $p$，假设弹性基础符合温克勒(Winkler)地基假设。

Winkler 模型是捷克工程师 Winkler 提出的，其假设地基上任一点的垂直位移 $s$ 正比于该点的压力 $p$，即 $p=k\cdot s$($k$ 为地基系数)。

则两侧弹性基础及护巷柱体的反力($p_c$)可以表示为：

$$p_c=k_c W_c \tag{3.2}$$

式中，$k_c$——充填体的地基系数，$k_c=E_c/M_c$，其中 $M_c$为充填体高度，$E_c$为充填体弹性模量；

$W_c$——两侧弹性基础及护巷柱体的沉降。

在采场两侧弹性基础及中间护巷柱体上，梁的外载 $q_z$由两部分组成：①梁的上表面所受的均布荷载 $q$；②梁的下表面承受的弹性基础及护巷柱体的反力 $p_c$。

两侧弹性基础及护巷柱体上梁的外载 $q_z$可以表示为：

$$q_z=q-p_c=q-k_c W_c \tag{3.3}$$

在待充填巷(空区)上方($a \leqslant x \leqslant a+b$)，梁的外载为：

$$q_z=q \tag{3.4}$$

将式(3.1)代入式(3.3)中，得到采场两侧弹性基础及护巷柱体上梁的挠曲微分方程：

$$EI\frac{\mathrm{d}^4W(x)}{\mathrm{d}x^4}+k_c[W(x)-Z]=q \tag{3.5}$$

式中，$Z$——顶板与充填体接触时的下沉量。

将式(3.1)代入式(3.4)中，得到待充填巷(空区)上方($a\leqslant x\leqslant a+b$)梁的挠曲微分方程：

$$EI\frac{\mathrm{d}^4W(x)}{\mathrm{d}x^4}=q \tag{3.6}$$

3.1.1.2　梁的挠曲函数

(1)护巷柱体上方($0\leqslant x\leqslant a$)。由式(3.5)，当 $0\leqslant x\leqslant a$ 时，根据高等数学有关公式，梁的挠曲函数可以表示为：

$$\begin{aligned}W(x)&=W_1(x)\\&=\mathrm{e}^{-\alpha x}[A_1\cos(\alpha x)+A_2\sin(\alpha x)]+\mathrm{e}^{\alpha x}[A_3\cos(\alpha x)\\&\quad+A_4\sin(\alpha x)]+\left(\frac{q}{k_c}+Z\right)\end{aligned} \tag{3.7}$$

式中，$\alpha=\sqrt[4]{\frac{k_c}{4EI}}$；$A_1,A_2,A_3,A_4$ 为待定系数。

充填巷充填前顶、底板产生一定移近量且实际充填率达不到100%($Z$ 产生的原因)，并且顶板与充填体接触后充填体被压缩($\frac{q}{k_c}$产生的原因)。由于两侧充填体及护巷柱体上顶板均已产生$\frac{q}{k_c}+Z$ 的位移量，忽略此项，就得到了待充填巷形成后护巷柱体上顶板的下沉曲线。该曲线关于 $x=0$ 对称，从而该曲线函数表达式经整理得：

$$W(x)=W_1(x)=A_1(\mathrm{e}^{-\alpha x}+\mathrm{e}^{\alpha x})\cos(\alpha x)+A_2(\mathrm{e}^{-\alpha x}-\mathrm{e}^{\alpha x})\sin(\alpha x) \tag{3.8}$$

(2)待充填巷(空区)上方($a\leqslant x\leqslant a+b$)。由式(3.6)，当 $a\leqslant x\leqslant a+b$ 时，梁的挠曲函数可以表示为：

$$\begin{aligned}W(x)=W_2(x)=\frac{1}{EI}\Big[&\frac{q}{24}(x-a-b)^4+B_1(x-a-b)^3+\\&B_2(x-a-b)^2+B_3(x-a-b)+B_4\Big]\end{aligned} \tag{3.9}$$

式中，$B_1,B_2,B_3,B_4$ 为待定系数。

(3)采场右侧弹性基础上方($x\geqslant a+b$)。由式(3.5),当 $x\geqslant a+b$ 时,梁的挠曲函数可以表示为:

$$\begin{aligned}W(x)&=W_3(x)\\&=e^{-\alpha(x-a-b)}\{C_1\cos[\alpha(x-a-b)]+C_2\sin[\alpha(x-a-b)]\}\\&\quad+e^{\alpha(x-a-b)}\{C_3\cos[\alpha(x-a-b)]+C_4\sin[\alpha(x-a-b)]\}+\frac{q}{k_c}+Z\end{aligned}\tag{3.10}$$

式中,$C_1$,$C_2$,$C_3$,$C_4$ 为待定系数。

根据边界条件,在 $x\to+\infty$时,梁的挠度趋向于$\frac{q}{k_c}+Z$,即

$$\lim_{x\to+\infty}W(x)=\frac{q}{k_c}+Z\tag{3.11}$$

由式(3.11)代入式(3.10),得到 $C_3=C_4=0$。同样忽略$\left(\frac{q}{k_c}+Z\right)$项后,得到待充填巷形成后右侧弹性基础(充填体)上顶板的下沉曲线。该曲线函数表达式为:

$$W(x)=e^{-\alpha(x-a-b)}\{C_1\cos[\alpha(x-a-b)]+C_2\sin[\alpha(x-a-b)]\}\tag{3.12}$$

由式(3.8)、式(3.9)及式(3.12),可以得到梁的挠曲函数表达式:

$$W(x)=\begin{cases}A_1(e^{-\alpha x}+e^{\alpha x})\cos(\alpha x)+A_2(e^{-\alpha x}-e^{\alpha x})\sin(\alpha x),0\leqslant x\leqslant a\\ \frac{1}{EI}\left[\frac{q}{24}(x-a-b)^4+B_1(x-a-b)^3+B_2(x-a-b)^2+B_3(x-a-b)+B_4\right],a\leqslant x\leqslant a+b\\ e^{-\alpha(x-a-b)}\{C_1\cos[\alpha(x-a-b)]+C_2\sin[\alpha(x-a-b)]\},x\geqslant a+b\end{cases}$$

#### 3.1.1.3 待定系数的确定

在图 3.2 中,由于右侧充填体三向受力,其承载能力相对于中间护巷柱体要大得多,因此为简化力学模型,可认为顶板岩梁在 $x=a+b$ 处固支。根据边界条件、位移连续条件、内力连续条件,则有:①$W_1(x=a)=W_2(x=a)$;②$W_1'(x=a)=W_2'(x=a)$;③$W_1''(x=a)=W_2''(x=a)$;④$W_1'''(x=a)=W_2'''(x=a)$;⑤$W_2'(x=a+b)=0$;⑥$W_2(x=a+b)=0$。

利用 Mathematica 数学计算软件,解得:

$$\begin{aligned}A_1=&\frac{qb^3}{24EI\alpha R}\{b\alpha\cosh(\alpha a)[6b\alpha\cos(\alpha a)+(9-b^2\alpha^2)\sin(\alpha a)]\\&+\sinh(\alpha a)[b\alpha(9+b^2\alpha^2)\cos(\alpha a)+12\sin(\alpha a)]\};\end{aligned}$$

$$A_2=-\frac{qb^3}{24EI\alpha R}\{b\alpha\sinh(\alpha a)[6b\alpha\sin(\alpha a)-(9-b^2\alpha^2)\cos(\alpha a)]$$

$$+\cosh(\alpha a)[b\alpha(9+b^2\alpha^2)\sin(\alpha a)-12\cos(\alpha a)]\};$$

$$B_1=\frac{qb}{12R}[b\alpha(12-5b^2\alpha^2)\cos(2\alpha a)+b\alpha(12+5b^2\alpha^2)\cosh(2\alpha a)$$
$$+(6-10b^2\alpha^2+b^4\alpha^4)\sin(2\alpha a)+(6+10b^2\alpha^2+b^4\alpha^4)\sin(2\alpha a)];$$

$$B_2=\frac{qb^2}{24R}[-6b\alpha(-4+b^2\alpha^2)\cos(2\alpha a)+6b\alpha(4+b^2\alpha^2)\cosh(2\alpha a)$$
$$+(18-15b^2\alpha^2+b^4\alpha^4)\sin(2\alpha a)+(18+15b^2\alpha^2+b^4\alpha^4)\sinh(2\alpha a)];$$

$$B_3=B_4=0。$$

式中，$R=2b\alpha(3-2b^2\alpha^2)\cos(2\alpha a)+2b\alpha(3+2b^2\alpha^2)\cosh(2\alpha a)+(3-6b^2\alpha^2+b^4\alpha^4)\sin(2\alpha a)+(3+6b^2\alpha^2+b^4\alpha^4)\sinh(2\alpha a)$。

从而，对于护巷柱体和待充填巷上方顶板的挠曲函数表达式有：

(1)护巷柱体上方($0\leqslant x\leqslant a$)：

$$W_1(x)=\frac{qb^3}{24EI\alpha R}\{b\alpha\cosh(\alpha a)[6b\alpha\cos(\alpha a)+(9-b^2\alpha^2)\sin(\alpha a)]$$
$$+\sinh(\alpha a)[b\alpha(9+b^2\alpha^2)\cos(\alpha a)+12\sin(\alpha a)]\}\cdot(e^{-\alpha x}+e^{\alpha x})\cos(\alpha x)$$
$$-\frac{qb^3}{24EI\alpha R}\{b\alpha\sinh(\alpha a)[6b\alpha\sin(\alpha a)-(9-b^2\alpha^2)\cos(\alpha a)]$$
$$+\cosh(\alpha a)[b\alpha(9+b^2\alpha^2)\sin(\alpha a)-12\cos(\alpha a)]\}\cdot(e^{-\alpha x}-e^{\alpha x})\sin(\alpha x) \tag{3.13}$$

(2)待充填巷(空区)上方($a\leqslant x\leqslant a+b$)：

$$W_2(x)=\frac{1}{EI}\Big\{\frac{q}{24}(x-a-b)^4+\frac{qb}{12R}[b\alpha(12-5b^2\alpha^2)\cos(2\alpha a)$$
$$+b\alpha(12+5b^2\alpha^2)\cosh(2\alpha a)+(6-10b^2\alpha^2+b^4\alpha^4)\sin(2\alpha a)$$
$$+(6+10b^2\alpha^2+b^4\alpha^4)\sin(2\alpha a)]\cdot(x-a-b)^3$$
$$+\frac{qb^2}{24R}[-6b\alpha(-4+b^2\alpha^2)\cos(2\alpha a)+6b\alpha(4+b^2\alpha^2)\cosh(2\alpha a)]$$
$$+(18-15b^2\alpha^2+b^4\alpha^4)\sin(2\alpha a)+(18+15b^2\alpha^2+b^4\alpha^4)\sinh(2\alpha a)$$
$$\cdot(x-a-b)^2\Big\} \tag{3.14}$$

### 3.1.2　巷式全部充填顶板移动变形力学模型

在巷式全采全充完成后，顶板的移动变形情况对导水裂隙带的形成和发育起着关键作用，因此需对充填巷全部充填后的顶板移动变形情况进行分析。在巷式充填开采过程中，由于充填巷得到及时充填，顶板岩层的移动变形受到了限制，当顶板岩层的弯曲程度大于其极限挠度时，顶板岩层将发生断裂。因此，当顶板未达到极限跨距时，可认为顶板岩层是连续的；当顶板跨距达到或超过极限跨距时，顶板将发生断裂。根据假设，当顶板跨距小于极限跨距时，可以把采场两侧帮视为弹性基础，把顶板视为在弹性基础之上由弹性介质组成的柱面弯曲板，如图 3.3 所示。对于柱面弯曲板，可以用单位宽度的梁来表征，因此，问题简化为讨论弹性基础上的梁的弯曲程度，在图 3.3 上沿采场 $y$ 轴方向中部取单位长度板条，得到图 3.4。坐标方向选择如图 3.4 所示。其中，充填长度为 $2L$，煤层的高度为 $M$，梁的厚度为 $h$，梁顶板的均布荷载为 $q$，$W_1$、$W_2$、$W_3$ 分别为不同梁段上的挠度。

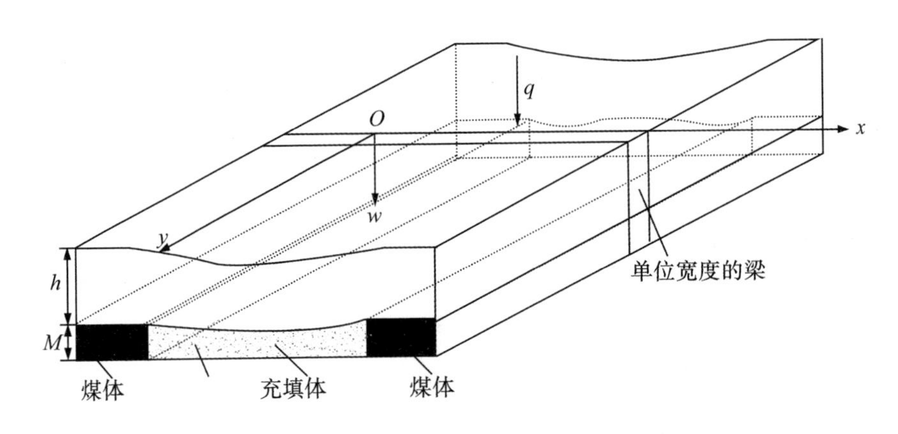


图 3.3　柱面弯曲板

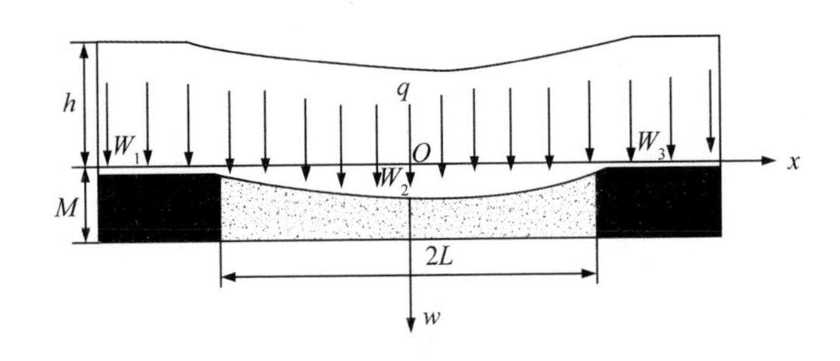


图 3.4　梁的受力模型

从图 3.4 可以看出，梁的力学模型关于 $x=0$ 对称，由于对称性，只研究坐标轴 $w$ 右侧区域($x\geqslant0$)即可。取如图 3.4 所示的坐标系，$w$ 轴过充填体中央，竖直向下。

3.1.2.1　梁的挠曲函数

(1)充填体上方($0\leqslant x\leqslant L$)。当 $0\leqslant x\leqslant L$ 时,梁的挠曲微分方程为:

$$EI\frac{\mathrm{d}^4W(x)}{\mathrm{d}x^4}+k_c\left[W(x)-Z-\frac{q}{k_m}\right]=q \tag{3.15}$$

则梁的挠曲函数表达式为:

$$\begin{aligned}W(x)&=W_c(x)\\&=\mathrm{e}^{-\alpha x}[D_1\cos(\alpha x)+D_2\sin(\alpha x)]+\mathrm{e}^{\alpha x}[D_3\cos(\alpha x)+D_4\sin(\alpha x)]\\&\quad+\frac{q}{k_c}+\frac{q}{k_m}+Z\end{aligned} \tag{3.16}$$

式中,$W_c(x)$——充填体上方梁的挠曲函数;

$k_m$——煤的弹性地基系数;

$k_c$——充填体的弹性地基系数;

$D_1,D_2,D_3,D_4$——待定系数。

根据函数图像关于 $x=0$ 对称,则有 $D_1=D_3,D_2=-D_4$,且充填开采前$\frac{q}{k_m}$已产生,从而函数表达式经过整理可简化为:

$$W(x)=W_c(x)=(\mathrm{e}^{-\alpha x}+\mathrm{e}^{\alpha x})\cos(\alpha x)\cdot D_1+(\mathrm{e}^{-\alpha x}-\mathrm{e}^{\alpha x})\sin(\alpha x)\cdot D_2+\frac{q}{k_c}+Z \tag{3.17}$$

(2)右侧弹性基础(煤体)上方($x\geqslant L$)。当 $x\geqslant L$ 时,梁的挠曲微分方程为:

$$EI\frac{\mathrm{d}^4W(x)}{\mathrm{d}x^4}+k_mW(x)=q \tag{3.18}$$

则梁的挠曲函数表达式为:

$$\begin{aligned}W(x)&=W_m(x)\\&=\mathrm{e}^{-\beta(x-L)}\{E_1\cos[\beta(x-L)]+E_2\sin[\beta(x-L)]\}\\&\quad+\mathrm{e}^{\beta(x-L)}\{E_3\cos[\beta(x-L)]+E_4\sin[\beta(x-L)]\}+\frac{q}{k_m}\end{aligned} \tag{3.19}$$

式中,$W_m(x)$——煤体上方梁的挠曲函数;

$E_1,E_2,E_3,E_4$——待定系数;

$\beta=\sqrt[4]{\frac{k_m}{4EI}}$。

根据边界条件，在 $x\to+\infty$ 时，梁的挠度趋向于 $\frac{q}{k_m}$，即

$$\lim_{x\to+\infty} W(x)=\frac{q}{k_m} \tag{3.20}$$

得到 $E_3=E_4=0$。同理，开采前 $\frac{q}{k_m}$ 已产生，则整理梁的挠曲方程得：

$$W(x)=W_m(x)=e^{-\beta(x-L)}\{E_1\cos[\beta(x-L)]+E_2\sin[\beta(x-L)]\} \tag{3.21}$$

由式(3.17)及式(3.21)可以得到梁的挠曲函数表达式为：

$$W(x)=\begin{cases}(e^{-\alpha x}+e^{\alpha x})\cos(\alpha x)\cdot D_1+(e^{-\alpha x}-e^{\alpha x})\sin(\alpha x)\cdot D_2+\dfrac{q}{k_c}+Z,\ 0\leqslant x\leqslant L\\ e^{-\beta(x-L)}\{E_1\cos[\beta(x-L)]+E_2\sin[\beta(x-L)]\},\ x\geqslant L\end{cases}$$

3.1.2.2 待定系数的确定

设采场右侧基础上方顶板岩梁在 $x=L$ 处的下沉量为 $W_L$，转角为 $\theta_L$。由于两侧煤体相对于充填体有着较高的地基系数，即煤体的刚度远大于充填体的刚度，故把充填体上方顶板视为两端由边界煤柱及上覆岩层夹支的固支梁，则在两端边界煤柱处($x=\pm L$)岩梁的挠度和转角为0，则 $W_L=0,\theta_L=0$。根据边界条件、位移连续条件、内力连续条件，有：① $W_c(x=L)=W_m(x=L)=W_L=0$；② $W_m'(x=L)=\theta_L=0$。

利用 Mathematica 数学计算软件，解得：

$$D_1=T\cdot[(e^{2\alpha L}-1)\cos(\alpha L)+(e^{2\alpha L}+1)\sin(\alpha L)]\cdot\left(\frac{q}{k_c}+Z\right)$$

$$D_2=T\cdot[(e^{2\alpha L}-1)\cos(\alpha L)-(e^{2\alpha L}+1)\sin(\alpha L)]\cdot\left(\frac{q}{k_c}+Z\right)$$

式中，$T=-\dfrac{e^{\alpha L}}{e^{4\alpha L}+2e^{2\alpha L}\sin(2\alpha L)-1}$。

因此，充填体上方($0\leqslant x\leqslant L$)梁的挠曲函数表达式为：

$$\begin{aligned}W_c(x)=&\{T\cdot[(e^{2\alpha L}-1)\cos(\alpha L)+(e^{2\alpha L}+1)\sin(\alpha L)](e^{-\alpha x}+e^{\alpha x})\cos(\alpha x)\\&+[T\cdot(e^{2\alpha L}-1)\cos(\alpha L)-(e^{2\alpha L}+1)\sin(\alpha L)](e^{-\alpha x}-e^{\alpha x})\sin(\alpha x)+1\}\\&\cdot\left(\frac{q}{k_c}+Z\right)\end{aligned} \tag{3.22}$$

## 3.2　巷式充填开采充填模型的力学分析

### 3.2.1　巷式充填开采护巷柱体上的支承压力分析

在巷式充填开采的过程中，由于充填巷的充填过程以及料浆凝固需要一定时间，两条充填巷之间应间隔一定距离，从而形成两侧为待充填巷道和正掘进巷道的空区，中间为护巷柱体(煤体或充填体)。相对于护巷柱体为煤体，当护巷柱体全部为充填体时，护巷柱体的稳定性较差，由于支承压力作用，易在护巷柱体壁上形成应力集中，可能造成护巷柱体的失稳破坏。因此，掌握护巷柱体上支承压力的分布规律，可以为充填体强度及护巷柱体的宽度留设提供依据。

在图 3.2 中，当 $-a\leqslant x\leqslant a$ 时，由式(3.13)可知，护巷柱体上表面各点的沉降函数表达式为：

$$
\begin{aligned}
W_{\mathrm{h}}(x)=&\frac{qb^{3}}{24EI\alpha R}\{b\alpha\cosh(\alpha a)[6b\alpha\cos(\alpha a)+(9-b^{2}\alpha^{2})\sin(\alpha a)]\\
&+\sinh(\alpha a)[b\alpha(9+b^{2}\alpha^{2})\cos(\alpha a)+12\sin(\alpha a)]\}\cdot(\mathrm{e}^{-\alpha x}+\mathrm{e}^{\alpha x})\cos(\alpha x)\\
&-\frac{qb^{3}}{24EI\alpha R}\{b\alpha\sinh(\alpha a)[6b\alpha\sin(\alpha a)-(9-b^{2}\alpha^{2})\cos(\alpha a)]\\
&+\cosh(\alpha a)[b\alpha(9+b^{2}\alpha^{2})\sin(\alpha a)-12\cos(\alpha a)]\}\\
&\cdot(\mathrm{e}^{-\alpha x}-\mathrm{e}^{\alpha x})\sin(\alpha x)+\frac{q}{k_{\mathrm{c}}}
\end{aligned}
\tag{3.23}
$$

因此，护巷柱体上的支承压力为：

$$
\begin{aligned}
\sigma_{z}=k_{\mathrm{c}}W_{\mathrm{h}}(x)=&\frac{k_{\mathrm{c}}\cdot qb^{3}}{24EI\alpha R}\{b\alpha\cosh(\alpha a)[6b\alpha\cos(\alpha a)+(9-b^{2}\alpha^{2})\sin(\alpha a)]\\
&+\sinh(\alpha a)[b\alpha(9+b^{2}\alpha^{2})\cos(\alpha a)+12\sin(\alpha a)]\}\cdot(\mathrm{e}^{-\alpha x}+\mathrm{e}^{\alpha x})\cos(\alpha x)\\
&-\frac{k_{\mathrm{c}}\cdot qb^{3}}{24EI\alpha R}\{b\alpha\sinh(\alpha a)[6b\alpha\sin(\alpha a)-(9-b^{2}\alpha^{2})\cos(\alpha a)]+\cosh(\alpha a)\\
&\cdot[b\alpha(9+b^{2}\alpha^{2})\sin(\alpha a)-12\cos(\alpha a)]\}\cdot(\mathrm{e}^{-\alpha x}-\mathrm{e}^{\alpha x})\sin(\alpha x)+q
\end{aligned}
\tag{3.24}
$$

令 $\dfrac{\mathrm{d}\sigma_{z}}{\mathrm{d}x}=0$，推导出 $x=0$。当 $-a\leqslant x\leqslant 0$ 时，$\dfrac{\mathrm{d}\sigma_{z}}{\mathrm{d}x}<0$，$\sigma_{z}$ 为减函数；当 $0\leqslant x\leqslant$

$a$ 时，$\frac{d\sigma_z}{dx}>0$，$\sigma_z$ 为增函数。因此 $\sigma_z$ 在 $x=\pm a$ 处有最大值。

由以上分析可以得出，护巷柱体上的支承压力在边界上最大，在中央部分最小。则在 $x=\pm a$ 处(即护巷柱体边界处)压力最大，其值为：

$$\begin{aligned}\sigma_{zmax}&=k_cW_h(x=a)\\&=\left[k_cb^4\cdot\frac{6b\alpha\cos(2a\alpha)+6b\alpha\cosh(2a\alpha)+(9-b^2\alpha^2)\sin(2a\alpha)+(27+b^2\alpha^2)\sinh(2a\alpha)}{24EIR}+1\right]\cdot q\end{aligned}\tag{3.25}$$

式中，$k_c$——充填体弹性地基系数；

$a$——护巷柱体半宽；

$b$——充填巷宽度；

$E$——梁的弹性模量；

$I$——梁的惯性矩；

$q$——梁的荷载。

### 3.2.2 巷式全部充填顶板的移动变形分析

#### 3.2.2.1 顶板岩梁的最大下沉分析

由式(3.22)得到顶板的挠曲函数表达式，位于充填体中央处的顶板下沉值最大，顶板的最大下沉值为：

$$W_c(x=0)=\{2T\cdot[(e^{2\alpha L}-1)\cos(\alpha L)+(e^{2\alpha L}+1)\sin(\alpha L)]+1\}\cdot\left(\frac{q}{k_c}+Z\right)\tag{3.26}$$

式中，$T=-\frac{e^{\alpha L}}{e^{4\alpha L}+2e^{2\alpha L}\sin(2\alpha L)-1}$。

随着充填宽度的增加，顶板下沉值逐渐变大，而顶板容许的最大下沉值 $W_{max}$ 为 $\frac{q}{k_c}+Z$($Z$ 为顶板与充填体接触时的下沉量，$\frac{q}{k_c}$ 为充填体的压缩量)，当充填宽度达到顶板极限跨距，并且顶板的极限挠度小于顶板容许的最大下沉值 $\frac{q}{k_c}+Z$ 时，顶板岩梁发生断裂。因此，判断顶板是否断裂应分析比较顶板达到极限跨距时的极限挠度与顶板容许的最大下沉值之间的大小，即：

(1)当顶板达到极限跨距时产生的极限挠度小于顶板容许的最大下沉值时，

顶板有充足的下沉空间，顶板发生断裂。

（2）当顶板达到极限跨距时产生的极限挠度大于顶板容许的最大下沉值时，顶板没有充足的下沉空间，顶板不会发生断裂。

3.2.2.2　充填开采容许的最大下沉值分析

对于$\frac{q}{k_c}+Z$，进一步变形有：

$$\frac{q}{k_c}+Z=\frac{qM_c}{E_c}+M[\eta+(1-\varepsilon)] \tag{3.27}$$

式中，$q$——顶板荷载；

$M_c$——充填体高度，$M_c=M\varepsilon$；

$M$——煤层厚度；

$\eta$——充填前顶、底板移近率；

$\varepsilon$——充填率。

由式(3.27)可以看出，在充填开采条件下，充填体上方顶板容许的最大下沉值受顶板荷载$q$、充填体地基系数$k_c$及顶板接触充填体时的下沉量$Z$三个因素的影响。$k_c=\frac{E_c}{M_c}$，$Z=M[\eta+(1-\varepsilon)]$，$k_c$与充填体弹性模量$E_c$相关，$Z$与顶、底板的移近量、充填率相关，因此$k_c$与$Z$在一定程度上可人为控制。

（1）在其他因素一定的条件下，提高充填体的弹性模量并保证足够的充填体地基系数，可以在一定程度上控制充填体上方顶板的下沉。

（2）在其他因素一定的条件下，顶板接触充填体时的下沉量是影响顶板下沉的最主要因素。因此，加强待充填巷的支护、提高充填率是控制顶板下沉的最主要的途径。

3.2.2.3　顶板的极限跨距分析

在巷式充填开采过程中，由于充填巷得到及时的充填，顶板岩层的移动变形受到了限制。当顶板岩层的跨距大于其极限跨距，并且顶板的极限挠度小于顶板容许的最大下沉值时（即顶板有充分的下沉空间），顶板岩层将发生断裂。但由于采空区充填体的限制作用，不会形成垮落法开采时破碎、杂乱的垮落岩块，岩层基本保持原有的层次，形成规则断裂带。由此可知，判断巷式充填是否形成规则断裂带需要计算顶板岩层在充填开采过程中的极限跨距和极限挠度以及顶板容许的最大下沉值。

对巷式充填顶板岩梁的移动变形分析如下。

(1)当充填率较低时,顶板与充填体接触时的下沉量较大($Z$ 较大),顶板的极限挠度 $W_{极}$ 有 $W_{极} \leqslant Z$,即顶板的极限挠度小于顶板与充填体接触时的下沉量,顶板发生断裂,如图 3.5 所示。

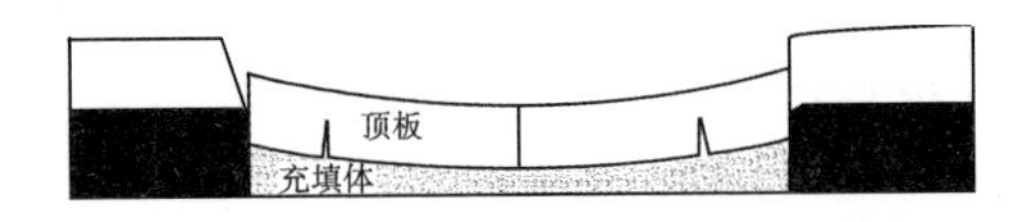


图 3.5　顶板断裂示意图(充填率较低)

顶板的挠曲函数表达式为:

$$W(x)=\frac{q}{24EI}\left[\left(x+\frac{L}{2}\right)^{4}-2L\left(x+\frac{L}{2}\right)^{3}+L^{2}\left(x+\frac{L}{2}\right)^{2}\right] \tag{3.28}$$

则顶板梁式断裂时的极限跨距可以用材料力学方法求得,梁内任意点的拉应力 $\sigma$ 为:

$$\sigma=\frac{M_{w}y}{J_{z}} \tag{3.29}$$

式中,$M_{w}$——该点所在断面的弯矩;

$y$——该点离断面中性轴的距离;

$J_{z}$——对称中性轴的断面距。

若取梁为单位宽度,则梁的断面距 $J_{z}=\frac{1}{12}h^{3}$($h$ 为顶板岩层的厚度)。因而任意点的拉应力 $\sigma=\frac{12M_{w}y}{h^{3}}$。梁的任意点的弯矩为:

$$M_{w}(x)=\frac{q}{12}(6Lx-6x^{2}-L^{2}) \tag{3.30}$$

由式(3.30)可知,梁的最大弯矩发生在梁的两端。在 $x=\pm L$ 处,$M_{wmax}$ 为:

$$M_{wmax}=-\frac{1}{12}qL^{2} \tag{3.31}$$

因此,梁两端的最大拉应力 $\sigma_{max}$ 为:

$$\sigma_{max}=\frac{qL^{2}}{2h^{2}} \tag{3.32}$$

当 $\sigma_{max}=R_{T}$(顶板岩层抗拉强度)时,即岩层在该处的拉应力达到岩层的抗拉强度时,岩层将在该处拉裂。此时,梁断裂的极限跨距为:

$$L_{极}=h\sqrt{\frac{2R_{T}}{q}} \tag{3.33}$$

当梁达到极限跨距时，梁将发生断裂。梁的极限挠度值为：

$$W_{极}=W(x=0)=\frac{qL^{4}}{384EI} \tag{3.34}$$

(2)当提高充填率，顶板与充填体接触时的下沉量降低($Z$ 降低)，顶板的极限挠度 $W_{极}$ 有 $Z<W_{极}\leqslant\frac{q}{k_{c}}+Z$，若顶板的极限挠度值大于顶板与充填体接触时的下沉量 $Z$，则顶板与充填体接触后，随着充填体的进一步压缩，顶板发生断裂，如图 3.6 所示。

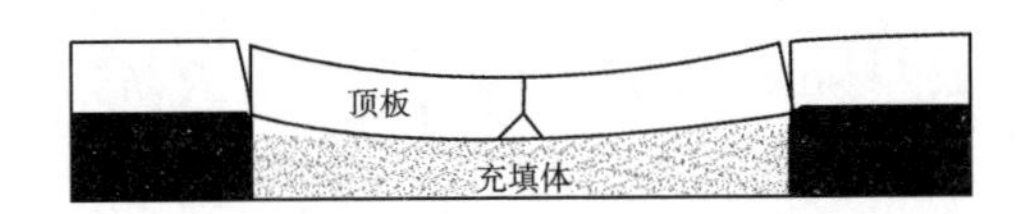


图 3.6　顶板断裂示意图(充填率提高)

当顶板岩梁将要发生断裂但还未断时，可认为顶板岩梁是连续的，此时由式(3.22)可知，顶板的挠曲函数表达式为：

$$\begin{aligned}W_{c}(x)=&\{T\cdot[(e^{2\alpha L}-1)\cos(\alpha L)+(e^{2\alpha L}+1)\sin(\alpha L)](e^{-\alpha x}+e^{\alpha x})\cos(\alpha x)\\&+T\cdot[(e^{2\alpha L}-1)\cos(\alpha L)-(e^{2\alpha L}+1)\sin(\alpha L)](e^{-\alpha x}-e^{\alpha x})\sin(\alpha x)+1\}\\&\cdot\left(\frac{q}{k_{c}}+Z\right)\end{aligned} \tag{3.35}$$

若取梁为单位宽度，则梁的断面距 $J_{z}=\frac{1}{12}h^{3}$($h$ 为顶板岩层的厚度)。因而任意点 $A$ 的拉应力 $\sigma=\frac{12M_{w}y}{h^{3}}$。梁的任意点的弯矩为：

$$\begin{aligned}M_{w}(x)=&-EI\frac{d^{2}W_{c}(x)}{dx^{2}}\\=&-2EI\alpha^{2}T\cdot\{[(e^{2\alpha L}-1)\cos(\alpha L)+(e^{2\alpha L}+1)\sin(\alpha L)](e^{-\alpha x}-e^{\alpha x})\sin(\alpha x)\\&-[(e^{2\alpha L}-1)\cos(\alpha L)-(e^{2\alpha L}+1)\sin(\alpha L)](e^{-\alpha x}+e^{\alpha x})\cos(\alpha x)\}\cdot\left(\frac{q}{k_{c}}+Z\right)\end{aligned} \tag{3.36}$$

根据固定梁的计算，最大弯矩发生在梁的两端。在 $x=\pm L$ 处，$M_{wmax}$ 为：

$M_{wmax}=M_{w}(x=\pm L)$

$$=\sqrt{k_{c}EI}\left(\frac{q}{k_{c}}+Z\right)\left[1-\frac{4e^{2\alpha L}\sin(2\alpha L)}{e^{4\alpha L}+2e^{2\alpha L}\sin(2\alpha L)-1}\right] \tag{3.37}$$

因此,该处的最大拉应力 $\sigma_{max}$ 为:

$$\sigma_{max}=\frac{6\sqrt{k_{c}EI}}{h^{2}}\left(\frac{q}{k_{c}}+Z\right)\left[1-\frac{4e^{2\alpha L}\sin(2\alpha L)}{e^{4\alpha L}+2e^{2\alpha L}\sin(2\alpha L)-1}\right] \tag{3.38}$$

当 $\sigma_{max}=R_{T}$(顶板岩层抗拉强度)时,岩层在该处的拉应力达到该处的抗拉强度,岩层将在该处拉裂。因此,判断梁是否断裂的条件为:

$$R_{T}\leqslant\frac{6\sqrt{k_{c}EI}}{h^{2}}\left(\frac{q}{k_{c}}+Z\right)\left[1-\frac{4e^{2\alpha L}\sin(2\alpha L)}{e^{4\alpha L}+2e^{2\alpha L}\sin(2\alpha L)-1}\right] \tag{3.39}$$

若 $\sigma_{max}\geqslant R_{T}$,即式(3.39)成立时,梁将发生断裂。当 $2L=L_{极}$ 时,顶板的极限跨距满足下式:

$$\frac{4e^{\alpha L_{极}}\sin(\alpha L_{极})}{e^{2\alpha L_{极}}+2e^{\alpha L_{极}}\sin(\alpha L_{极})-1}=1-\frac{R_{T}h^{2}}{6\sqrt{k_{c}EI}\left(\frac{q}{k_{c}}+Z\right)} \tag{3.40}$$

此时,结合式(3.26),顶板的挠度达到极限挠度,其值为:

$$W_{极}=\left\{2T\cdot\left[(e^{\alpha L_{极}}-1)\cos\left(\frac{\alpha L_{极}}{2}\right)+(e^{\alpha L_{极}}+1)\sin\left(\frac{\alpha L_{极}}{2}\right)\right]+1\right\}\left(\frac{q}{k_{c}}+Z\right) \tag{3.41}$$

(3)当充填率非常高,则顶板与充填体接触时的下沉量很小($Z$ 很小),顶板的极限挠度 $W_{极}$ 有 $W_{极}>\frac{q}{k_{c}}+Z$,结合式(3.38),此时梁两端的最大拉应力 $\sigma_{max}=\frac{6\sqrt{k_{c}EI}}{h^{2}}\left(\frac{q}{k_{c}}+Z\right)\left[1-\frac{4e^{2\alpha L}\sin(2\alpha L)}{e^{4\alpha L}+2e^{2\alpha L}\sin(2\alpha L)-1}\right]$,由于 $Z$ 非常小,导致梁两端最大拉应力值未达到梁的抗拉强度,使 $\sigma_{max}$ 远小于 $R_{T}$,则顶板不会发生断裂。即顶板发生断裂所需要的下沉空间受到充分限制时,顶板将只发生弯曲变形,如图3.7所示。

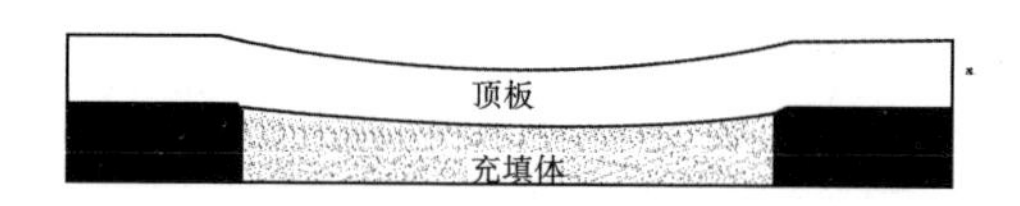


图 3.7　顶板弯曲示意图(充填率非常高)

## 3.3　顶板荷载 $q$ 的分析

巷式充填过程中,随着充填巷的依次充填,采场充填宽度不断增加,在充填宽度未达到顶板的极限跨距时，由于实际充填率不能达到100%且充填体存在一定压缩量，因此顶板将发生弯曲变形。结合关键层理论观点，分析巷式充填采场顶板上所受的荷载。假定岩层荷载均匀分布，并设采场覆岩有 $m$ 层岩层，各岩层厚度为 $h_i(i=1,2,3,\cdots,m)$，体积力为 $\gamma_i(i=1,2,3,\cdots,m)$，弹性模量为 $E_i(i=1,2,3,\cdots,m)$。设顶板上方有 $m$ 层岩层，顶板及顶板上方各岩层厚度为 $h_i(i=1,2,3\cdots,m)$，体积力为 $\gamma_i(i=1,2,3\cdots,m)$，弹性模量为 $E_i(i=1,2,3\cdots,m)$，其中第1层岩层所控制的岩层达 $n$ 层，如图3.8所示，第1层到第 $n$ 层岩层将同步变形，形成组合梁。下面根据组合梁理论对第1层岩层所受荷载的计算公式进行推导[43]。

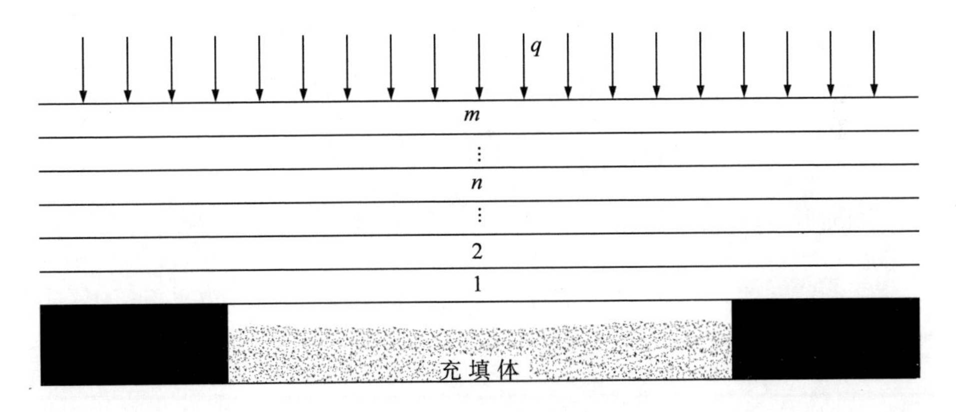


图3.8　岩层荷载计算图

组合梁上每一截面上的剪力 $Q$ 和弯矩 $M$ 都由 $n$ 层岩层各自的小截面负担，因此有：

$$Q=Q_1+Q_2+\cdots+Q_n \tag{3.42}$$

$$M=M_1+M_2+\cdots+M_n \tag{3.43}$$

岩梁产生弯曲变形时，曲率与弯矩的关系为：

$$k_i=\frac{1}{\rho_i}=\frac{(M_i)_x}{E_iJ_i} \tag{3.44}$$

式中，$M_i$——第 $i$ 层岩层的弯矩；

$k_i$——曲率；

$\rho_i$——曲率半径；

$(M_i)_x$——第 $i$ 层岩层对 $x$ 方向的弯矩；

$E_i$——第 $i$ 层岩层的弹性模量；

$J_i$——第 $i$ 层岩层的惯性矩，$J_i=\dfrac{z_k h_i^3}{12}$；

$z_k$——梁的横截面宽度。

由于各岩层形成的组合梁受力后产生同步弯曲，必然有着相同的曲率，因此有：

$$\frac{M_1}{E_1J_1}=\frac{M_2}{E_2J_2}=\cdots=\frac{M_n}{E_nJ_n} \tag{3.45}$$

由式(3.45)可知：

$$\frac{(M_1)_x}{(M_2)_x}=\frac{E_1J_1}{E_2J_2},\frac{(M_1)_x}{(M_3)_x}=\frac{E_1J_1}{E_3J_3},\cdots,\frac{(M_1)_x}{(M_n)_x}=\frac{E_1J_1}{E_nJ_n}$$

因为：

$$M_x=(M_1)_x+(M_2)_x+\cdots+(M_n)_x \tag{3.46}$$

$$M_x=(M_1)_x\left(1+\frac{E_2J_2+E_3J_3+\cdots+E_nJ_n}{E_1J_1}\right) \tag{3.47}$$

求得：

$$(M_1)_x=\frac{E_1J_1M_x}{E_1J_1+E_2J_2+\cdots+E_nJ_n} \tag{3.48}$$

由于$\dfrac{\mathrm{d}M}{\mathrm{d}x}=Q$，故

$$(Q_1)_x=\frac{E_1J_1Q_x}{E_1J_1+E_2J_2+\cdots+E_nJ_n} \tag{3.49}$$

并且$\dfrac{\mathrm{d}Q}{\mathrm{d}x}=q$，则

$$(q_1)_x=\frac{E_1J_1q_x}{E_1J_1+E_2J_2+\cdots+E_nJ_n} \tag{3.50}$$

式中，$(Q_1)_x$ 为组合梁第 1 层岩层所受的剪力；$Q_x$ 为组合梁各岩层上的剪力；$q_x=\sum\limits_{i=1}^{n}\gamma_i h_i$ 为第 1 层至第 $n$ 层的全部荷载；$J_1=\dfrac{z_1h_1^3}{12}$，$J_2=\dfrac{z_2h_2^3}{12}$，…，$J_n=\dfrac{z_nh_n^3}{12}$；当考虑 $n$ 层对第 1 层影响时，形成的荷载即$(q_n)_1$。由此可得：

$$(q_n)_1=\frac{E_1h_1^3(\gamma_1h_1+\gamma_2h_2+\cdots+\gamma_nh_n)}{E_1h_1^3+E_2h_2^3+\cdots+E_nh_n^3} \tag{3.51}$$

根据关键层理论判别方法，当$(q_n)_1<(q_{n+1})_1$ 时，按式(3.51)计算，直至

$(q_n)_1>(q_{n+1})_1$ 为止，那么此时第 1 层所受荷载为 $(q_n)_1$。由此可知，对于第 1 层，其所受的荷载为 $q_1=(q_n)_1$。

因此，巷式充填顶板所受的荷载 $q$ 为：

$$q=q_1=(q_n)_1 \tag{3.52}$$

## 3.4 巷式充填开采护巷柱体稳定性的分析与计算

可通过对巷式充填巷间护巷柱体稳定性的分析，进而根据充填体的强度对巷间护巷柱体的宽度进行优化设计。根据前文对巷式全部充填顶板移动变形的分析，结合公格营子矿的实际情况，对底分层及顶分层充填开采时充填体上顶板的移动变形进行研究，研究结果可为后续巷式充填开采覆岩导水裂隙带高度分析提供相关依据。

### 3.4.1 巷式充填护巷柱体的受力分析

#### 3.4.1.1 顶板未断裂时护巷柱体受力分析

在巷式充填过程中，相对于护巷柱体为煤体的情况，当护巷柱体全部为充填体时，护巷柱体的稳定性较差，开采支承压力作用可能造成护巷柱体的失稳破坏。由前文的分析可以得出，在护巷柱体及待充填巷上方顶板未达到极限跨距时，护巷柱体上的支承压力在体壁处达到最大。则在 $x=\pm a$ 处，护巷柱体所受压力最大，根据前文的分析计算，其值为：

$$\begin{aligned}\sigma_{z\max}&=k_cW_h(x=a)\\&=\left[k_cb^4\frac{6b\alpha\cos(2a\alpha)+6b\alpha\cosh(2a\alpha)+(9-b^2\alpha^2)\sin(2a\alpha)+(27+b^2\alpha^2)\sinh(2a\alpha)}{24EIR}\right.\\&\quad\left.+1\right]\cdot q\end{aligned} \tag{3.53}$$

式中，$k_c$——充填体的弹性地基系数；

$a$——充填巷半宽；

$b$——充填巷宽度；

$E$——梁的弹性模量；

$I$——梁的惯性矩；

$q$——顶板荷载；

$R=2b\alpha(3-2b^2\alpha^2)\cos(2\alpha a)+2b\alpha(3+2b^2\alpha^2)\cosh(2\alpha a)+(3-6b^2\alpha^2+b^4\alpha^4)\sin(2\alpha a)+(3+6b^2\alpha^2+b^4\alpha^4)\sinh(2\alpha a)$。

3.4.1.2　顶板充分断裂后护巷柱体受力分析

由前一节分析得出，在巷式充填最后一轮循环的过程中，随着充填巷的依次充填，充填宽度随之增加，当顶板达到极限跨距后，且顶板的极限挠度小于顶板容许的最大下沉值时，顶板将发生断裂。随着以下各分层充填开采依次进行完毕后，覆岩层可能已产生一定程度的断裂，从安全角度分析，当顶分层巷式充填开采上覆岩层产生充分断裂时，左右两侧弹性基础(充填体)处于三向受力状态，其承载能力显著增强，位于护巷柱体覆岩裂隙带上方的岩层质量通过应力转移，主要作用在两侧的三向受力的充填体上，因此顶分层护巷柱体只承受断裂带和裂隙带岩层荷载，则巷式充填开采顶板充分断裂后的顶分层护巷柱体受力如图3.9所示。

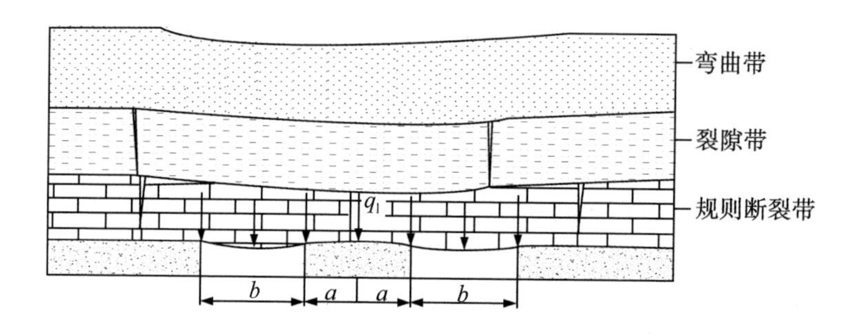


图 3.9　顶板断裂后的顶分层护巷柱体受力图

根据《建筑物、水体、铁路及主要井巷煤柱留设与压煤开采规范》，岩层裂隙带高度计算公式参照表3.1。

**表 3.1　岩层裂隙带高度计算公式**　　单位：m

| 岩性 | 裂隙带高度公式一 | 裂隙带高度公式二 |
|---|---|---|
| 坚硬 | $H_m=\dfrac{100\sum M}{1.2\sum M+2.0}\pm 8.9$ | $H_m=30\sqrt{\sum M}+10$ |

续表

| 岩性 | 裂隙带高度公式一 | 裂隙带高度公式二 |
| --- | --- | --- |
| 中硬 | $H_m = \dfrac{100\sum M}{1.6\sum M + 3.6} \pm 5.6$ | $H_m = 20\sqrt{\sum M} + 10$ |
| 软弱 | $H_m = \dfrac{100\sum M}{3.1\sum M + 5.0} \pm 4.0$ | $H_m = 10\sqrt{\sum M} + 5$ |
| 极软弱 | $H_m = \dfrac{100\sum M}{5.0\sum M + 8.0} \pm 3.0$ | — |

注：$H_m$为裂隙带高度，m；$\sum M$ 为累计采厚，m。

由表3.1可计算得到 $H_m$，进而判断出裂隙带发展到的岩层。从安全角度出发，裂隙岩层的厚度按各岩层的最大厚度考虑，则裂隙岩层的作用荷载为：

$$q_1 = \gamma \sum_{i=1}^{n} h_i \tag{3.54}$$

式中，$q_1$——裂隙岩层平均荷载，MPa；

$\gamma$——岩层平均容重，$kN/m^3$；

$\sum_{i=1}^{n} h_i$——裂隙岩层的厚度，m。

则巷间护巷充填体上的垂直应力为：

$$\sigma_h = \frac{a+b}{a} \gamma \sum_{i=1}^{n} h_i \tag{3.55}$$

### 3.4.2　巷间护巷柱体强度及安全系数的确定

#### 3.4.2.1　护巷柱体的强度

在分析护巷柱体稳定性的过程中，巷间护巷柱体所承受的最大应力与护巷柱体的强度对于护巷柱体的稳定性起着关键作用。前文已对于护巷柱体上所承受的垂直应力做过分析，因此，还需要对护巷柱体的强度进行分析。对于护巷柱体强度的计算，可以参考煤柱强度计算公式。在煤柱强度方面，许多学者提出了大量的煤柱强度计算公式，最常用的有以下几种[202]。

(1)欧伯特-德沃/王(Obert-Dwvall/Wang)公式,其表达式为:

$$\sigma_{p}=\sigma_{m}\left(0.778+0.222\,\frac{W}{h}\right) \tag{3.56}$$

式中,$\sigma_{p}$——煤柱平均承载强度,MPa;

$\sigma_{m}$——试件单轴强度,MPa;

$W,h$——煤柱的宽度和高度,m。

该公式根据硬岩试验和弹性力学研究得出,适用于宽高比为 1～8 的煤柱。

(2)浩兰德(Holland)公式,其表达式为:

$$\sigma_{p}=\sigma_{m}\sqrt{\frac{W}{h}} \tag{3.57}$$

式中参数意义同前。该公式适用于煤柱宽高比为 2～8 的煤柱,安全系数为 1.8～2.2时取 2.0.

(3)沙拉曼-门罗(Salamon-Mnuro)公式,其表达式为:

$$\sigma_{p}=\sigma_{m}\,\frac{W^{0.46}}{h^{0.66}} \tag{3.58}$$

式中参数意义同前。该公式是沙拉曼和门罗在调查了南非 125 个煤柱(其中 98 个稳定,27 个破坏)的基础上提出的。

(4)比涅乌斯基(Bieniawski)公式,其表达式为:

$$\sigma_{p}=\sigma_{m}\left(0.64+0.36\,\frac{W}{h}\right) \tag{3.59}$$

式中参数意义同前。该公式是比涅乌斯基与冯・海尔顿(Von Helton)对南非威特班克(Witbank)煤田宽高比为 0.5～34 的 66 个煤柱试件进行大规模现场测试后而得出的。浩兰德认为应用该公式时,安全系数取 2.0 已足够,房柱法采煤可取安全系数为 1.5～2.0。

#### 3.4.2.2 护巷柱体安全系数 $f_{s}$

在对巷式充填开采护巷柱体的稳定性进行分析的过程中,对于合理护巷柱体宽度进行设计时,要考虑的一个重要的参数就是安全系数。式(3.60)给出了巷式充填开采护巷柱体安全系数的计算公式:

$$f_{s}=\frac{\sigma_{p}}{\sigma_{h}} \tag{3.60}$$

式中:$\sigma_{p}$——护巷柱体的强度,MPa;

$\sigma_h$——护巷柱体所承受的应力，MPa。

本书采用巷式似膏体充填开采技术，进行护巷柱体稳定性计算分析时，安全系数 $f_s$ 值按 1.5 考虑。

### 3.4.3 巷式充填开采护巷柱体宽度的确定

公格营子矿主采 6 煤，均厚 15 m，倾角 5°～14°，采用分层巷式充填开采的采煤方法，其每分层高 3 m，自下而上开采，先采底分层，最后开采顶分层。根据公格营子矿地质资料、已有的巷道充填施工实践经验及充填巷掘进与充填顺序的合理布置等影响因素，确定了充填巷巷宽为 4 m。在巷式似膏体充填开采中，护巷柱体是为了减小充填与掘进相互干扰、减小巷道掘进对上一条充填巷中充填体的影响、为似膏体充填材料提供足够的凝结时间而暂时留设的。为了回采作业的标准化和高效性，护巷柱体的宽度应是充填巷宽度的整数倍。现提出护巷柱体宽度分别为 4 m、8 m 及 12 m 三种方案，分析三种方案的护巷柱体的稳定性，并选择最优方案指导生产实践。

#### 3.4.3.1 开采底分层时护巷柱体的支承压力峰值计算

由于开采底分层时，直接顶为顶煤，结合公格营子矿地质资料及相关数据，开采底分层时，公格营子矿相关基本参量表如表 3.2 所示。煤层上覆部分岩层分层情况及力学参数如表 3.3 所示。

**表 3.2 公格营子矿相关基本参量表**

| 基本参量 | 数值 | 基本参量 | 数值 |
|---|---|---|---|
| 充填体弹性模量 $E_c$/MPa | 680 | 直接顶(顶煤)弹性模量 $E_1$/MPa | 2000 |
| 充填巷宽度 $b$/m | 4 | 直接顶厚度 $h_1$/m | 12 |
| 覆岩平均容重 $\gamma$/(kN/m$^3$) | 26 | 煤层埋深 $H$/m | 150 |
| 分层充填体高度 $M_c$/m | 2.7 | 护巷柱体宽度 $2a$/m | 4/8/12 |

**表 3.3 煤层上覆部分岩层分层情况及力学参数**

| 层号 | 岩性 | 层厚/m | 容重/(kN/m$^3$) | 抗拉强度 $\sigma_T$/MPa | 弹性模量 $E$/MPa |
|---|---|---|---|---|---|
| 5 | 砂质泥岩 | 15 | 25.8 | 0.9 | 3000 |
| 4 | 煤 | 2.5 | 14 | 0.85 | 2000 |

续表

| 层号 | 岩性 | 层厚/m | 容重/($kN/m^3$) | 抗拉强度 $\sigma_T$/MPa | 弹性模量 $E$/MPa |
|---|---|---|---|---|---|
| 3 | 砂岩 | 8.8 | 26.2 | 1.8 | 10400 |
| 2 | 砂砾岩 | 4.2 | 26.4 | 1.5 | 4800 |
| 1 | 6 煤(顶煤) | 12 | 14 | 0.85 | 2000 |
| 1 | 6 煤(底煤) | 3 | 14 | 0.85 | 2000 |

根据表 3.3,现对底煤顶板(顶煤)所受荷载 $q$ 进行分析。

第 1 层顶煤本身的荷载 $q_1$ 为:

$$q_1=\gamma_1 h_1=14\times 12=168\ \text{kPa}$$

考虑第 2 层对第 1 层的作用,则

$$(q_2)_1=\frac{E_1 h_1^3(\gamma_1 h_1+\gamma_2 h_2)}{E_1 h_1^3+E_2 h_2^3}=252.86\ \text{kPa}$$

计算到第 3 层,则第 1 层的荷载为:

$$(q_3)_1=\frac{E_1 h_1^3(\gamma_1 h_1+\gamma_2 h_2+\gamma_3 h_3)}{E_1 h_1^3+E_2 h_2^3+E_3 h_3^3}=161.54\ \text{kPa}<(q_2)_1$$

由此可知,应考虑第 1、2 层对第 1 层荷载的影响。因此,顶板荷载 $q$ 为 252.86 kPa。

根据表 3.2、表 3.3 中的数据,可以得到公格营子矿相关导出参量,如表 3.4 所示。

**表 3.4　公格营子矿相关导出参量表**

| 导出参量 | 数值 |
|---|---|
| $\alpha=\sqrt[4]{\dfrac{k_c}{4EI}}$ | 0.2 |
| 顶板荷载 $q=(q_2)_1$ | 252.86 |
| 充填体地基系数 $k_c=E_c/M_c$ | 252 |

根据表 3.2 及表 3.4 所得数据,代入式(3.53)进行计算,得出护巷柱体支承压力峰值:

(1)护巷柱体宽度为 4 m 时($a=2$ m):

$$\sigma_{z\max}=256.196\ \text{kPa}$$

(2)护巷柱体宽度为 8 m 时($a=4$ m)：

$$\sigma_{zmax}=255.847\ \text{kPa}$$

(3)护巷柱体宽度为 12 m 时($a=6$ m)：

$$\sigma_{zmax}=256.411\ \text{kPa}$$

由以上计算结果可以看出，在充填巷宽度不变的条件下，护巷柱体上的支承应力峰值随着护巷柱体宽度的增加而降低。针对以上各分层护巷柱体的受力计算结果，当充填质量较好、顶板未断裂时，可按上述方法，应用建立的巷式充填开采护巷柱体稳定性力学模型，对护巷柱体上支承压力进行计算，从而分析护巷柱体的稳定性。

3.4.3.2　开采顶分层时护巷柱体受力计算

从安全角度出发，随着煤层的逐层充填开采，当顶板产生充分断裂后，相对于顶分层以下各分层，顶分层巷式充填开采的护巷柱体上方裂隙带发育较充分，故顶分层护巷柱体所受压应力较大。因此，根据前文分析，顶分层巷式充填开采的护巷柱体应能承受上覆断裂带和裂隙带岩层荷载。

依据公格营子矿覆岩岩性，选取中硬覆岩的导水裂隙带高度的计算公式。由于采用充填开采方法，计算公式中的采厚值采用等效采厚值。根据公格营子矿提供的充填开采技术数据，分层充填开采的充填率可达 90%以上。本书中按充填率为 90%考虑，且认为充填前顶、底板移近量远小于欠接顶量，忽略不计。则公格营子矿等效开采厚度可以按照下式计算：

$$\sum M=(1-B)M=1.5\ \text{m} \tag{3.61}$$

式中，$B$——充填率，90%；

$M$——实际采厚，15 m。

从安全角度考虑，选择裂隙带发育高度较大的计算公式进行计算：

$$H_{m}=20\sqrt{\sum M}+10\approx 34.5\ \text{m} \tag{3.62}$$

由上式计算得到 $H_{m}$ 为 34.5 m，则裂隙岩层厚度 $\sum_{i=1}^{n}h_{i}$ 按 34.5 m 考虑即可。裂隙岩层的作用荷载为：

$$q_{1}=\gamma\sum_{i=1}^{n}h_{i}=26\times 34.5=897\ \text{kPa}\approx 0.9\ \text{MPa} \tag{3.63}$$

式中，$q_{1}$——裂隙岩层平均荷载，MPa；

$\gamma$——岩层平均容重,取 26 kN/m$^3$;

$\sum_{i=1}^{n} h_i$——裂隙岩层的厚度,m。

因此,待充填巷间的护巷柱体所要承担的应力为:

(1)$a$=2 m,$b$=2 m 时:

$$\sigma_h = \frac{q(2a+b)}{2a} = 0.9 \times \frac{4+4}{4} = 1.8 \text{ MPa} \tag{3.64}$$

(2)$a$=4 m,$b$=2 m 时:

$$\sigma_h = \frac{q(2a+b)}{2a} = 0.9 \times \frac{8+4}{8} = 1.35 \text{ MPa} \tag{3.65}$$

(3)$a$=6 m,$b$=2 m 时:

$$\sigma_h = \frac{q(2a+b)}{2a} = 0.9 \times \frac{12+4}{12} = 1.2 \text{ MPa} \tag{3.66}$$

#### 3.4.3.3 护巷柱体安全系数 $f_s$

根据第二章公格营子矿充填材料优化配比强度性能表(见表 2.2)的数据,充填体试件 28 天抗压强度 $\sigma_m$ 为 1.82 MPa,分层充填开采,分层厚度 $h$ 为 3 m,利用公式(3.56)~式(3.59),分别得到不同宽度($W$ 取 4 m、8 m、12 m)的护巷柱体强度(见表 3.5)。

**表 3.5　不同宽度护巷柱体强度值**

| 方案 | 护巷柱体宽度 $W$/m | 护巷柱体强度 $\sigma_p$/MPa | | | |
|---|---|---|---|---|---|
| | | 按式(3.56)计算 | 按式(3.57)计算 | 按式(3.58)计算 | 按式(3.59)计算 |
| 1 | 4 | 1.95 | 2.1 | 1.66 | 2.04 |
| 2 | 8 | 2.49 | 2.97 | 2.29 | 2.91 |
| 3 | 12 | 3.03 | 3.64 | 2.76 | 3.78 |

根据式(3.53)、式(3.55)、式(3.60)及表 3.5,分别得到开采底分层和顶分层时的护巷柱体的相应的安全系数 $f_s$(见表 3.6)。

**表 3.6　不同宽度护巷柱体的安全系数 $f_s$**

| 方案 | 护巷柱体宽度 W/m | 护巷柱体的安全系数 $f_s$ | | | |
|---|---|---|---|---|---|
| | | $\sigma_p$ 按式(3.56)计算 | $\sigma_p$ 按式(3.57)计算 | $\sigma_p$ 按式(3.58)计算 | $\sigma_p$ 按式(3.59)计算 |
| 底分层 | 4 | 7.61 | 8.20 | 6.48 | 7.96 |
| | 8 | 9.73 | 11.61 | 8.95 | 11.37 |
| | 12 | 11.86 | 14.25 | 10.80 | 14.80 |
| 顶分层 | 4 | 1.08 | 1.16 | 0.92 | 1.13 |
| | 8 | 1.84 | 2.20 | 1.69 | 2.15 |
| | 12 | 2.52 | 3.03 | 2.30 | 3.15 |

#### 3.4.3.4　护巷柱体宽度的确定

随着护巷柱体两侧待充填巷的充填，充填巷中充填体对护巷柱体提供了一定的侧限力，使护巷柱体稳定性增强，因此，护巷柱体的安全系数 $f_s$按 1.5 考虑时，即可保证护巷柱体的稳定性。根据表 3.6 得出的数据可以看出，在最开始进行的底分层巷式充填开采过程中，顶板未产生断裂时，护巷柱体宽度为4 m、8 m及 12 m 时均可保证护巷柱体的安全系数远大于 1.5。但在开采顶分层时，若顶板产生充分断裂，不同充填柱体强度计算公式下宽度为 4 m 的护巷柱体的安全系数 $f_s$均小于 1.5，不能保证护巷柱体的稳定性。当护巷柱体宽度为 8 m 或 12 m时，安全系数 $f_s$均大于 1.5，可以有效地保证护巷柱体的稳定性。

护巷柱体的宽度不仅影响到护巷柱体的稳定性，还关系到巷式充填开采的循环次数。在充填巷宽度不变的情况下，护巷柱体的宽度越大，稳定性越好。同时，在其他条件不变的情况下，护巷柱体的宽度越大、循环越多，充填巷掘进和充填搬家的次数越多，搬运的总线路越长，效率越低。因此，护巷柱体宽度既不能太窄也不能太宽。

根据之前的计算，护巷柱体宽度为 8 m 和 12 m 时，护巷柱体的安全系数 $f_s$均大于 1.5，都可以保证护巷柱体的稳定性。同理，护巷柱体的宽度大于12 m时的稳定性更好。但考虑到回采效率，应尽量减少循环数，因此护巷柱体的宽度选择 8 m。综合考虑，护巷柱体的宽度选为 8 m 时，既能够保证护巷柱体的稳定性，又能尽量减少循环数，提高回采和充填的效率。

## 3.5 巷式充填开采顶板极限跨距的计算分析

结合公格营子矿巷式充填开采，由于煤体自下而上分层充填开采，充填宽度随着充填巷的依次充填而增加，充填体上方顶板的移动变形对于控制覆岩沉陷有着直接影响，与此同时覆岩是否产生规则断裂带和裂隙带对于判断巷式充填导水裂隙带的发育也有着重要的意义。因此，需分别对底分层和顶分层充填开采的顶板移动变形进行分析。

### 3.5.1 开采底分层的顶板极限跨距分析

当巷式充填开采在底分层进行时，其上顶板为顶煤，对于顶板是否断裂的判断及极限跨距的计算，结合前文的分析，首先要确定顶板容许的最大下沉值 $W_{max}$ 及顶板在能够产生断裂情况下的极限挠度 $W_{极}$。如果顶板的极限挠度大于顶板容许的最大下沉值时，下沉空间不足，顶板只产生一定的弯曲变形，不会发生断裂；如果顶板的极限挠度小于顶板容许的最大下沉值时，下沉空间充分，顶板发生断裂。根据前文所讨论的顶板移动变形的不同情况，结合相应的极限跨距公式，再进一步对顶板的极限跨距进行分析计算。

(1)充填体上方顶板容许的最大下沉值 $W_{max}$。根据前文分析，顶板容许的最大下沉值为：

$$W_{max}=\frac{q}{k_c}+Z \tag{3.67}$$

式中，$q$——顶板荷载，MPa；

$k_c$——充填体的地基系数，MPa/m；

$Z$——顶板与充填体接触时的下沉量，m。

式(3.67)中顶板与充填体接触时的下沉量 $Z$，由待充填巷顶、底板的移近量和充填欠接顶量两部分组成。由于掘进的巷道被及时充填，掘进巷道未充填前顶、底板的移近量相对于充填欠接顶量来说很小，因此，在分析顶板容许最大下沉值(顶板下沉空间)时，顶板与充填体接触时的下沉量 $Z$ 主要按充填欠接顶量考虑。从而 $Z$ 的计算公式为：

$$Z=(1-B)M \tag{3.68}$$

式中，$B$——充填率，%；

$M$——煤层厚度，m。

根据前文的分析，结合表3.4，公格营子矿在开采底分层时，充填体上方顶板荷载 $q$ 取0.25 MPa，巷式充填开采充填率 $B$ 为90%，充填体的地基系数 $k_c$ 取252 MPa/m，煤层分层厚度为3 m，结合式(3.67)、式(3.68)得出巷式充填开采底分层时顶板与充填体接触时的下沉量 $Z$ 及顶板容许的最大下沉值 $W_{max}$ 为：

$$Z=(1-90\%)\times 3=300\ \text{mm}$$

$$W_{max}=\frac{0.25}{252}+(1-90\%)\times 3\approx 301\ \text{mm}$$

(2)实际充填率90%时顶板的极限挠度 $W_{极}$。根据前文的分析，应先计算出顶板在充填率较低情况下发生断裂(即按垮落法考虑)的极限挠度 $W_{极}$，若 $W_{极}<Z$，则顶板的极限跨距按式(3.33)进行计算；若 $Z<W_{极}<W_{max}$，则顶板的极限跨距按式(3.40)进行计算；若 $W_{极}>W_{max}$，则顶板不会发生断裂。

根据表3.3，结合式(3.33)，顶板断裂的极限跨距为：

$$L_{1极}=h_1\sqrt{\frac{2R_{1T}}{q}}=12\times\sqrt{\frac{2\times 0.85}{0.25}}\approx 31.3\ \text{m}$$

式中，$L_{1极}$——直接顶的极限跨距，m；

$h_1$——直接顶的厚度，m；

$R_{1T}$——直接顶的抗拉强度，MPa。

此时，根据式(3.34)，顶板的极限挠度值 $W_{1极}$ 为：

$$W_{1极}=\frac{qL_{1极}^4}{384E_1I_1}=\frac{0.25\times 31.3^4}{384\times 2000\times 12^2}\approx 2.17\ \text{mm}<300\ \text{mm}=Z$$

式中，$E_1$——直接顶的弹性模量；

$I_1$——直接顶的惯性矩。

由此，可知在充填率为90%的条件下，顶板与充填体接触时的下沉值 $Z$ 为300 mm，远大于按垮落法计算顶板发生断裂时的极限挠度 $W_{极}$(2.17 mm)，因此，当顶板达到极限跨距时，必然发生断裂。要使顶板不发生断裂，就必须尽可能提高充填率，降低顶板容许的最大下沉值，限制顶板的下沉空间，从而进一步控制顶板的弯曲变形。

(3)顶板不发生断裂时的充填率。由(2)的分析可知，进一步提高充填率可以有效地降低顶板容许的最大下沉值，从而限制顶板的下沉空间，使顶板仅发生弯曲变形而不断裂。因此，对充填率的要求为：

$$W_{max} < W_{1极} \tag{3.69}$$

即

$$\frac{q}{k_c} + Z < \frac{qL_{1极}^4}{384E_1I_1} \tag{3.70}$$

将式(3.68)代入式(3.70)后，整理得：

$$B > 1 - \frac{1}{M}\left(\frac{h_1^4R_{1T}^2}{96E_1I_1q} - \frac{q}{k_c}\right) \tag{3.71}$$

代入相关数据，计算得出 $B>96\%$。

因此，若将充填率提高至96%以上，充填开采底分层时，顶板不会发生断裂。

### 3.5.2 开采顶分层的顶板极限跨距分析

当开采顶分层时，直接顶为砂砾岩，参照底分层开采时顶板极限跨距的分析，对于顶分层开采时顶板是否断裂及极限跨距的分析如下。

(1)顶板荷载 $q$。顶板砂砾岩在表3.3中的岩层层号为2，第2层砂砾岩自身的荷载 $q_2$ 为：

$$q_2 = \gamma_2 h_2 = 26.4 \times 4.2 = 110.88\ \text{kPa} \approx 0.11\ \text{MPa}$$

考虑第3层对第1层的作用，则

$$(q_3)_2 = \frac{E_2h_2^3(\gamma_2h_2 + \gamma_3h_3)}{E_2h_2^3 + E_3h_3^3} = 16.3\ \text{kPa} < 110.88\ \text{kPa}$$

由此可知，直接顶板砂砾岩只考虑自身荷载的影响，顶板荷载 $q = q_2 = 0.11$ MPa。

(2)顶板与充填体接触时的下沉量 $Z$。由于开采以下各分层时，分层开采充填率为90%，每分层充填开采时均有一定的欠接顶量，因此对于顶分层开采，顶板与充填体接触时的下沉量 $Z$ 按各分层充填开采欠接顶量之和考虑，即

$$Z = (1-B) \cdot \sum_{i=1}^{5} M_i \tag{3.72}$$

式中，$B$——充填率，90%；

$M_i$——煤层分层采厚，3 m；

$Z$——顶分层充填开采顶板与充填体接触时的下沉量，m。

(3)充填体上方顶板容许的最大下沉值 $W_{max}$。根据式(3.67)、式(3.68)得到顶分层充填体上方顶板与充填体接触时的下沉量 $Z$ 及容许的最大下沉值 $W_{max}$ 为：

$$Z = (1-90\%) \times 15 = 1500\ \text{mm}$$

$$W_{max}=\frac{0.11}{252}+5\times(1-90\%)\times3\approx1501\ \text{mm}$$

(4)实际充填率90%时顶板的极限挠度$W_{极}$。根据表3.3,结合式(3.33),顶板断裂的极限跨距为:

$$L_{2极}=h_2\sqrt{\frac{2R_{2T}}{q_2}}=4.2\times\sqrt{\frac{2\times1.2}{0.11}}\approx21.9\ \text{m}$$

式中,$h_2$——直接顶砂砾岩厚度,m;

$R_{2T}$——直接顶砂砾岩的抗拉强度,MPa。

此时,根据式(3.34),顶板的极限挠度值$W_{极}$为:

$$W_{2极}=\frac{q_2L_{2极}^4}{384E_2I_2}=\frac{0.11\times21.9^4}{384\times4800\times\frac{4.2^3}{12}}\approx2.22\ \text{mm}<1500\ \text{mm}=Z$$

由此,可知在充填率为90%的条件下,顶板与充填体接触时下沉量$Z$为1500 mm,远大于按垮落法计算顶板发生断裂时的极限挠度$W_{2极}$(2.22 mm),顶板必然发生断裂。因此,要使顶板不发生断裂,就必须尽可能提高充填率,使$W_{2极}>W_{max}$。根据式(3.34)、式(3.72)整理得:

$$B>1-\frac{1}{\sum_{i=1}^{5}M_i}\left(\frac{h_2^4R_{2T}^2}{96E_2I_2q_2}-\frac{q_2}{k_c}\right)\tag{3.73}$$

代入相关数据,计算得出$B>99\%$。

当充填率高于99%时,进行顶分层巷式充填开采时顶板不会发生断裂。而在实际工程中很难实现高于99%的充填率,因此公格营子矿巷式充填顶板产生断裂在所难免。对于自下而上分层充填开采,在顶板等其他条件一定的情况下,煤层越厚,要使顶分层充填开采顶板不发生断裂,对于充填率的要求越高。较高的充填率可以限制顶板下沉的自由空间,从而有效地控制上覆岩层的移动变形,进一步控制覆岩导水裂隙带的发育。

## 3.6 本章小结

(1)建立了巷式充填开采两个阶段的力学模型,即护巷柱体稳定性采场力学模型及巷式全部充填下顶板移动变形的采场力学模型,分别针对两阶段的力学模型推导出了各自顶板的挠曲微分方程。

(2)在第一阶段顶板挠曲函数的基础上分析了护巷柱体上的开采压应力的理论分布规律,得出护巷柱体的压应力函数表达式。针对第二阶段的力学模型,推导出了顶板容许的最大下沉值,即$\frac{q}{k_c}+Z=\frac{qM_c}{E_c}+M[\eta+(1-\varepsilon)]$;讨论了巷式充填开采过程中不同充填率情况下的顶板极限挠度$W_{极}$与顶板容许的最大下沉值$W_{max}$之间的关系,即在$W_{极}\leqslant Z$、$Z<W_{极}\leqslant\frac{q}{k_c}+Z$及$W_{极}>\frac{q}{k_c}+Z$三种情况下分别判断顶板是否发生断裂及若发生断裂时相应的极限跨距。

(3)结合公格营子矿的实际条件,对于底分层充填开采,分析计算了顶板荷载$q$为252.86 kPa,护巷柱体宽度为4 m、8 m、12 m时,护巷柱体上承受的最大应力分别为256.196 kPa、255.847 kPa、255.411 kPa;对于顶分层开采,从安全角度考虑,在裂隙充分发育的情况下,计算得出裂隙带发育高度为34.5 m,当护巷柱体宽度为4 m、8 m、12 m时,护巷柱体上承受的最大应力分别为1.8 MPa、1.35 MPa、1.2 MPa。

(4)护巷柱体的宽度不仅影响到护巷柱体的稳定性,还关系到巷式充填开采的循环次数。考虑到回采效率及循环次数,最终确定护巷柱体的宽度为8 m。选取8 m宽度的护巷柱体既能够保证护巷柱体的稳定性,又能尽量减少循环次数,提高回采和充填的效率。

(5)对公格营子矿分层充填开采,得出在底分层充填开采的过程中,实际充填率为90%时,充填体上方直接顶板容许的最大下沉值为301 mm,而顶板的极限挠度为2.17 mm;当达到极限跨距时,顶板将发生断裂,顶板极限跨距为31.3 m;并给出了底分层充填开采过程中顶板不发生断裂时的充填率的计算公式,即$B>1-\frac{1}{M}\left(\frac{h_1^4R_{1T}^2}{96E_1I_1q}-\frac{q}{k_c}\right)$。

(6)当公格营子矿巷式充填开采顶分层时,若实际充填率为90%,充填体上方直接顶板容许的下沉空间1501 mm远大于顶板的极限挠度2.22 mm,顶板将发生断裂,顶板极限跨距为21.9 m。给出了顶板不发生断裂时的充填率计算公式,即$B>1-\frac{1}{\sum_{i=1}^{5}M_i}\left(\frac{h_2^4R_{2T}^2}{96E_2I_2q_2}-\frac{q_2}{k_c}\right)$。对于自下而上分层充填开采,在顶板等其他条件一定的情况下,煤层越厚,要使顶分层充填开采顶板不发生断裂,对于充填率的要求越高。

# 第四章　巷式充填开采覆岩导水裂隙带高度的力学分析与计算

为了对巷式充填开采覆岩变形与破坏进行力学分析及计算导水裂隙带的发育高度，本书基于充填开采等价采高理论，结合前文巷式充填开采采场顶板力学模型对顶板极限跨距的相关分析，建立上覆岩层断裂破坏的充填力学模型。首先，对覆岩关键层的位置进行判别；然后，根据岩层下部自由空间给出了覆岩破坏是否发展至裂隙带的判别准则；再综合以上分析给出导水裂隙带发育高度的计算方法；最后，经过公格营子矿的实例计算，并将理论计算结果与经验公式计算结果进行对比分析，得出该方法对于判别导水裂隙带发育高度有着重要的理论与实用价值。

为保证强含水层下巷式充填开采的安全进行，最重要的是要考虑以下两个方面的因素：一方面是要保证巷式充填开采在实际工程中的可行性；另一方面是要保障强含水层下巷式充填开采的安全性。对于巷式充填开采在实际工程中的可行性而言，其关键问题是要保证护巷柱体的稳定性，因为它关系到两侧待充填巷道和正掘进巷道的稳定及后续充填工作的进行，护巷柱体的失稳破坏将会影响到后续煤体的回采及充填工序。对于强含水层下巷式充填开采的安全性而言，其关键问题是要分析巷式充填开采后覆岩的破坏情况，分析巷式充填开采导水裂隙带的发育高度。只有巷式充填开采覆岩导水裂隙带不波及含水层，才可认为强含水层下巷式充填开采是安全可行的。前文已对护巷柱体的稳定性及巷式充填开采顶板的移动变形进行了相关理论分析及实际计算，表明随着公格营子矿巷式充填开采的进行，在90%充填率的条件下，顶板必然发生断裂，产生导水裂隙。因此，本章将着重进行巷式充填开采覆岩导水裂隙带发育高度的相关研究。

## 4.1 水体下采煤的安全技术途径

第二次世界大战之后，有关水体下安全采矿的方法与理论逐渐发展起来。水体下采矿防护措施、覆岩破坏高度的预测方法以及水体下采矿防水矿柱的留设方法等一系列的措施与方法都是基于对现场覆岩破坏规律的实测分析而得出的。在这些理论与技术方法的指导下，江河湖海、含水层等水体下的采矿逐步开展起来，在保证矿井及井下人员安全的情况下，从这些水体下开采出了大量的矿产资源。纵观国内外水体下采煤成功的案例，目前水体下采煤主要采用的技术途径有[202]：

(1)分层开采：减小分层开采高度，可以有效控制导水裂隙带的高度。研究表明，在覆岩软弱的条件下，随着分层数的增加，导水裂隙带高度的增幅呈分层减小的趋势：2 分层减少 27%～33%，3 分层减少 9.5%～12.8%，4 分层减少 5.4%～7.1%。

(2)均厚开采：在工作面范围内控制开采高度，避免局部开采厚度过大、导水裂隙带高度过高，使水、砂进入工作面。

(3)限厚开采：限制开采厚度，从而减小导水裂隙带的高度。

(4)疏放开采：采用井下仰孔或地面钻孔疏水的方法，先疏干或降低含水层水位后再进行开采。

(5)部分开采：留下部分煤层支撑上覆岩层，减小覆岩的破裂高度，从而减小导水裂隙带高度。

(6)充填开采：采用充填法处理采空区，减小导水裂隙带高度，从而实现水体下的安全开采。

巷式充填开采技术的提出，为我国水体下压煤开采提供了一条新的技术途径，在实现水体及含水层下压煤资源安全开采的同时，可以提高采出率。

## 4.2 充填开采的等价采高

煤层上覆岩层的岩性、煤层的厚度、煤层的赋存状态、地质构造、采煤方法、工作面几何尺寸、开采时间等因素都影响着导水裂隙带的发育高度。在巷式充填采煤过程中，随着充填巷的依次充填，充填体逐步取代煤体对上覆岩层起到支撑作用。随着充填体被缓慢压实，充填开采引起的覆岩破坏程度相当于等价采高的薄煤层垮落法开采所引起的覆岩破坏程度。因此，可结合充填开采的等价采高对巷式充填开采覆岩导水裂隙带发育高度进行分析预计。

充填体的有效厚度取决于以下三方面。

(1)充填前顶、底板的移近量。充填前顶、底板的移近量指充填巷掘进完毕、顶板揭露后巷道顶板的下沉量，由于充填挡板的设置、充填的滞后及充填体凝固需一定时间，在充填完毕、充填体凝固前，顶、底板的移近量必然存在。

(2)充填体欠接顶距离。充填体欠接顶距离是指充填材料充入充填巷后未达到顶板的距离，它可用充填率指标来进行衡量。仰斜开采有利于提高似膏体充填的充填率，从而减小充填体的欠接顶距离。

(3)充填体的压缩量。当顶板与充填体接触后，受上覆岩层荷载作用，充填体将被压缩，充填体的压缩量取决于充填材料的性质及覆岩层荷载的大小。

结合以上因素，充填开采等效开采厚度的示意图如图 4.1 所示，得出充填的等价采高公式为：

$$M_e = M_1 + M_2 + M_3 \tag{4.1}$$

式中，$M_e$——充填体的等价采高；

$M_1$——未充填时顶板的下沉量；

$M_2$——充填体欠接顶距离；

$M_3$——充填体的压缩量。

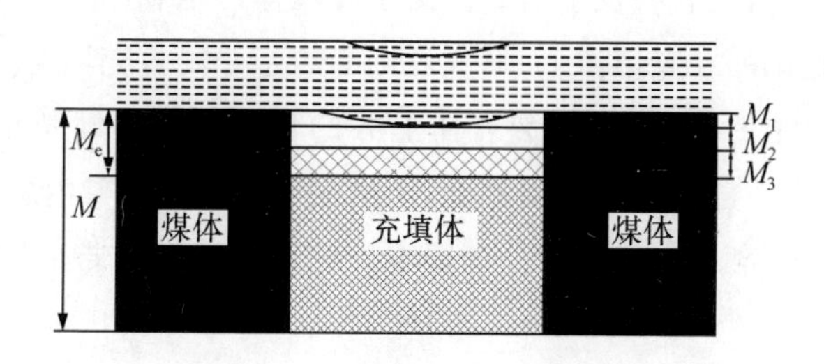


图 4.1　充填开采等价采高示意图

对于 $M_1$、$M_2$、$M_3$，有：

$$M_1 = \eta \cdot M \tag{4.2}$$

$$M_2 = (1-\varepsilon) \cdot M \tag{4.3}$$

$$M_3 = \delta \cdot \varepsilon \cdot M \tag{4.4}$$

式中，$\eta$——充填前顶板下沉率，%；

$\varepsilon$——充填率，%；

$\delta$——充填体的压缩率，%；

$M$——煤层开采厚度，m。

从而，充填的等价采高公式转变为：

$$M_e = \eta \cdot M + (1-\varepsilon) \cdot M + \delta \cdot \varepsilon \cdot M \tag{4.5}$$

根据前文的分析可知，巷式充填开采过程中覆岩破坏具备两个条件：①岩层有一定的下沉空间，且岩层的极限挠度 $W_{极}$ 小于岩层的下沉空间；②岩层拉应力超过岩层的抗拉强度。岩层的下沉空间主要指顶板岩层容许的最大下沉值 $W_{max}$，而 $W_{max}$ 相当于充填的等价采高，它与开采厚度、充填体的充填率及压缩率有着密切的关系。

## 4.3 覆岩变形与破坏的力学分析

在地下煤体回采的过程中，上覆岩体原岩应力的平衡状态遭到破坏，从而造成覆岩的移动变形乃至破坏。巷式充填开采过程中，随着充填巷被依次充填，充填体逐渐代替煤体来支撑上覆岩层。由于充填前顶、底板移近，充填未接顶以及顶板与充填体接触后充填体被进一步压缩，给充填体上覆岩层的下沉提供了一定的下沉空间。当充填体上覆岩层的拉应力超过其抗拉强度，且上覆岩层下方的下沉空间充足时，覆岩将发生断裂。由于充填体的承载作用，其上方直接顶板断裂后将规则地排列在充填体上，形成规则断裂带。随着充填宽度逐渐增加，由于断裂岩体有一定的碎胀性，断裂岩体上方的自由空间逐渐减小，上覆岩层弯曲、开裂后即与下方已断裂的岩层接触，形成裂隙带。裂隙带内岩层的开裂程度受下方下沉空间及裂隙带岩层岩性的影响。充填导水裂隙带如图 4.2 所示。

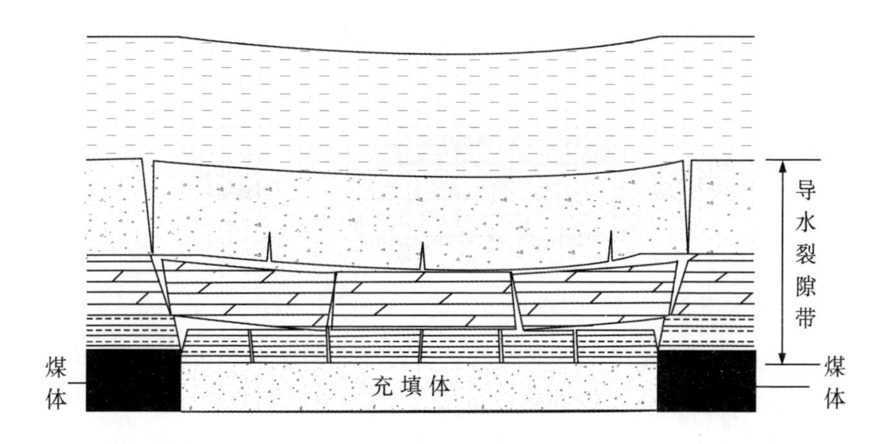


图 4.2　充填导水裂隙带示意图

### 4.3.1　上覆岩层断裂的力学模型

在煤层地系中，大多数坚硬岩层在一定荷载作用下均表现出脆性破坏特征，即当该岩层达到极限跨距且下部存在充足下沉空间时，岩层将产生脆性断裂。而当上覆岩层中存在软弱岩层时，其破坏往往表现为塑性变形，这种变形通常可以抑制导水裂隙带的发育。因此，覆岩中的软弱岩层可以作为很好的隔水层[164]。而对于公格营子矿来说，当覆岩岩性属于中硬，并且覆岩层中无较好的隔水层时，应对覆岩关键层的极限跨距进行分析。如果关键层达到极限跨距$l_{极}$，并且下部存在充足的下沉空间时，关键层断裂，导水裂隙带继续向上发展；如果关键层下部不存在下沉空间或下沉空间高度不足以达到顶板断裂的极限挠度时，导水裂隙带的发展将终止。

在巷式充填开采过程中，基于充填开采的等价采高，由前文分析知，在顶分层开采过程中，充填体与上方直接顶板间的下沉空间大于直接顶的极限挠度，直接顶达到极限跨距后断裂。因此，在直接顶上方沿煤层倾向取单位宽度的老顶岩梁，其两端受下覆岩层和上覆岩层夹持，视为固支，其上荷载为 $p_z$。对于老顶荷载，可参考前文 3.3 节对顶板荷载的分析。当岩梁长度 $l$ 在极限跨距范围内，岩梁不断裂，可认为岩梁是连续的。因此，在前文直接顶断裂模型的基础上，建立老顶岩梁受力力学模型，如图 4.3 所示。

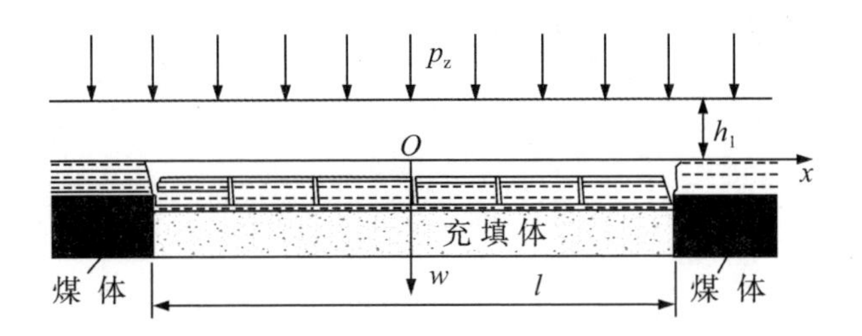


图 4.3　老顶岩梁受力力学模型

结合前文对于充填体上方顶板岩梁受力变形的相关分析，现对老顶岩梁的弯曲变形及其挠曲函数分析如下。

(1)当岩梁跨距 $l$ 达到极限跨距 $l_{极}$，且岩梁的极限挠度值小于岩梁下方的下沉空间时，充填体上方断裂的直接顶未与老顶岩梁接触时，岩梁便发生断裂。因此，对于承受荷载 $p_z$ 的老顶岩梁，有：

$$E_1 I_1 \frac{d^4 W_1}{dx^4} = p_z \tag{4.6}$$

式中，$E_1$——老顶岩梁的弹性模量；

$I_1$——老顶岩梁的惯性矩。

设其挠曲方程为：

$$W_1 = \frac{p_z}{E_1 I_1}\left[\frac{1}{24}\left(x+\frac{l}{2}\right)^4 + u_1\left(x+\frac{l}{2}\right)^3 + u_2\left(x+\frac{l}{2}\right)^2 + u_3\left(x+\frac{l}{2}\right) + u_4\right] \tag{4.7}$$

由于梁两端固支，有

$$W_1|_{x=-\frac{l}{2}} = W_1|_{x=\frac{l}{2}} = 0, \theta = \frac{dW_1}{dx}|_{x=-\frac{l}{2}} = \frac{dW_1}{dx}|_{x=\frac{l}{2}} = 0$$

式中，$u_1$，$u_2$，$u_3$，$u_4$——积分常数；

$\theta$——相应位置转角值。

从而求得梁的挠曲函数表达式为：

$$W_1 = \frac{p_z}{24E_1 I_1}\left[\left(x+\frac{l}{2}\right)^4 - 2l\left(x+\frac{l}{2}\right)^3 + l^2\left(x+\frac{l}{2}\right)^2\right] \tag{4.8}$$

根据式(3.33)、式(3.34)得出岩梁的极限跨距 $l_{极}$ 和极限挠度 $W_{1极}$ 分别为：

$$l_{极} = h_1\sqrt{\frac{2R_{1T}}{p_z}} \tag{4.9}$$

式中，$R_{1T}$——老顶岩梁的抗拉强度。

$$W_{1极}=\frac{p_z l^4}{384E_1I_1} \tag{4.10}$$

(2)当岩梁跨距 $l$ 达到极限跨距 $l_{极}$，老顶岩梁与充填体上方断裂的直接顶接触后，充填体与断裂的直接顶岩块被进一步压缩，老顶岩梁随之弯曲变形，达到极限挠度时发生断裂。此时，对于承受荷载 $p_z$ 的岩梁，结合式(3.35)，老顶岩梁的挠曲函数表达式为：

$$\begin{aligned}W_1=\{&S\cdot[(e^{2\lambda l}-1)\cos(\lambda l)+(e^{2\lambda l}+1)\sin(\lambda l)](e^{-\lambda x}+e^{\lambda x})\cos(\lambda x)\\&+S\cdot[(e^{2\lambda l}-1)\cos(\lambda l)-(e^{2\lambda l}+1)\sin(\lambda l)](e^{-\lambda x}-e^{\lambda x})\sin(\lambda x)+1\}\\&\cdot\left(\frac{p_z}{k_d}+Z_d\right)\end{aligned} \tag{4.11}$$

式中，$k_d$——老顶岩梁下部地基系数；

$Z_d$——老顶岩梁与下方岩体接触时的下沉量；

$\lambda=\sqrt[4]{\dfrac{k_d}{4E_1I_1}}$；

$S=-\dfrac{e^{\lambda l}}{e^{4\lambda l}+2e^{2\lambda l}\sin(2\lambda l)-1}$。

根据式(3.40)、式(3.41)，得出老顶岩梁的极限跨距和极限挠度的表达式分别为：

$$\frac{4e^{\lambda l_{极}}\sin(\lambda l_{极})}{e^{2\lambda l_{极}}+2e^{\lambda l_{极}}\sin(\lambda l_{极})-1}=1-\frac{R_{1T}h_1^2}{6\sqrt{k_dE_1I_1}\cdot\left(\dfrac{p_z}{k_d}+Z_d\right)} \tag{4.12}$$

$$W_{1极}=\left\{2S\cdot\left[(e^{\lambda l_{极}}-1)\cos\left(\frac{\lambda l_{极}}{2}\right)+(e^{\lambda l_{极}}+1)\sin\left(\frac{\lambda l_{极}}{2}\right)\right]+1\right\}\left(\frac{p_z}{k_d}+Z_d\right) \tag{4.13}$$

(3)当老顶岩梁下方的下沉空间很小，不足以提供岩梁断裂时产生的极限挠度时，岩梁将不会发生断裂，只产生一定的弯曲下沉。老顶岩梁的挠曲函数表达式参考式(4.11)。

综上所述，对于老顶以上各关键岩层均可采用上述方法进行覆岩断裂的相关分析，从而进一步确定导水裂隙带的发育高度。

### 4.3.2 覆岩关键层位置的判别

覆岩关键层一般由厚而坚硬的岩层组成[203]，根据关键层控制移动变形的覆岩范围，关键层又分为亚关键层和主关键层。亚关键层主要对覆岩局部岩层的移动变形起控制作用。根据亚关键层在覆岩中的相对位置关系，亚关键层又分为下位压关键层和上位压关键层，其中基本顶一般属于对采场一定范围矿压显现有明显影响的下位压关键层。而主关键层一般对直至地表的全部覆岩层的移动变形起控制作用。根据关键层的断裂特征，关键层的断裂将导致它所控制范围内局部覆岩层或全部覆岩同时断裂，对强含水层下巷式充填开采覆岩导水裂隙带的发育高度有着重要影响。因此首先需要找出覆岩关键层，然后对覆岩关键层是否产生断裂进行分析。

在图 3.10 中，若第 1 层岩层控制范围达到第 $n$ 层岩层，为第 1 层关键层，则第 $n+1$ 层为第 2 层关键层必然满足：

$$q_{n+1}<q_n \tag{4.14}$$

式中，$q_{n+1}$，$q_n$——计算到第 $n+1$ 层与 $n$ 层时，第 1 层关键层所受荷载。

根据式(4.14)对覆岩层依次进行判别，找出所有满足式(4.14)的可能成为关键层的覆岩层，设找出的覆岩层数为 $k$ 层。

根据关键层的强度条件，若找出的 $k$ 层覆岩层均为关键层，则应满足 $k$ 层覆岩层的断裂距从下往上依次增大，即

$$l_j<l_{j+1}\ (j=1,2,\cdots,k) \tag{4.15}$$

式中，$l_j$——第 $j$ 层的断裂距。

若第 $j$ 层覆岩层的断裂距大于第 $j+1$ 层覆岩层的断裂距，则第 $j+1$ 层不是关键层，其所承载的覆岩荷载应全部作用到第 $j$ 层上，重新计算第 $j$ 层覆岩层的断裂距后再根据式(4.15)进行判别。

按此方法，找出覆岩中所有关键层及其所在位置。

### 4.3.3 覆岩破坏发展至裂隙带的判别

根据前文的分析，如果老顶岩梁达到极限挠度将发生断裂。老顶岩梁断裂示意图如图 4.4 所示。老顶岩梁进入断裂带时，岩块间形成铰接结构，而形成铰接结构的条件又取决于顶板岩梁分层厚度与其下自由空间的高度。因此，在图 4.4 中取两相邻的断裂老顶岩块进行分析，老顶断裂岩块受力分析如图 4.5 所示。

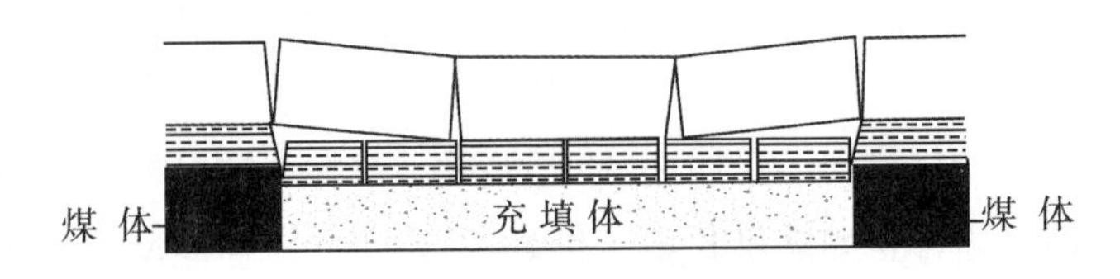


图 4.4 老顶岩梁断裂示意图

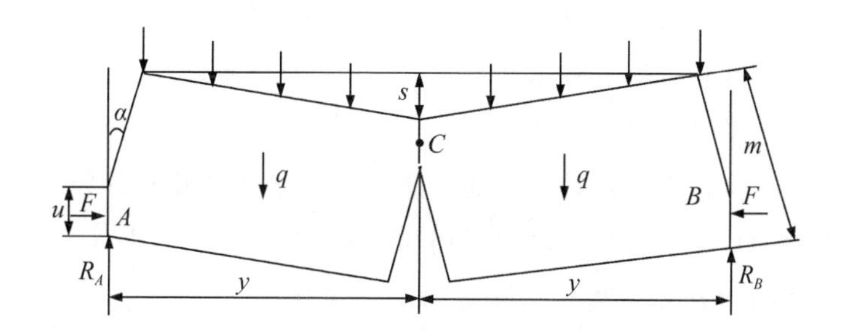


图 4.5　老顶断裂岩块受力分析

在图 4.5 中，三铰拱的三个铰点分别为 $A$、$B$、$C$，$F$ 为水平推力，$R_A$、$R_B$ 为摩擦力，$q$ 为裂隙体梁点的荷载，$\alpha$ 为老顶岩块回转角，$y$ 为岩块宽度，$m$ 为岩块厚度，$s$ 为岩块下沉量，$u$ 为岩块拱式铰点挤压接触面高度。根据老顶断裂岩块形成的三铰拱平衡，则必然有铰点 $C$ 位于 $A$、$B$ 两铰点的连线之上[204,205]，可得：

$$m-u-s>0 \tag{4.16}$$

式中，$s=y\sin\alpha$；

$u=\dfrac{1}{2}\left(m-y\sin\dfrac{\alpha}{2}\right)$。

对(4.16)进一步整理，有

$$m>\frac{3}{2}y\sin\frac{\alpha}{2}=\frac{3}{2}s$$

而岩块的最大下沉量 $s_{\max}$ 即为下部自由下沉空间的高度 $v$，因此有：

$$m>1.5v \tag{4.17}$$

因此，式(4.17)成立是判断覆岩层破坏发展至裂隙带的条件之一。

### 4.3.4　岩层自由下沉空间的确定

在巷式充填开采过程中，充填巷的及时充填限制了上覆岩层的弯曲变形。若充填效果不好，充填率比较低，等价采高较大，当等价采高大于顶板极限挠度且顶板达到极限跨距时，顶板断裂，但由于采空区充填体的承载作用，岩层基本保持原有层次，形成规则断裂带，规则断裂带上方为裂隙带和弯曲带。若充填效果较好，充填率较高，上覆岩层只有裂隙带和弯曲带或者只有弯曲带。规则断裂带和裂隙带内产生的导水裂隙的连通性和透水性自下而上逐渐降低。

岩层断裂后，岩块之间存在一定的空隙，导致岩块的堆积体积比岩层的体积大得多,产生一定碎胀性。岩块的碎胀性使各层断裂岩块与其上覆岩层间存在的自由空间的高度随着覆岩破坏自下而上的发展而逐渐减小。因此需要考虑规则断裂带和裂隙带范围内岩层的碎胀。

由于最终压实状态的断裂岩石的碎胀系数趋于残余碎胀系数,因此在计算每层岩层下部的自由下沉空间时应采用岩石残余碎胀系数,则每层岩层允许的自由下沉空间的计算公式为:

$$u_i = M_e - \sum_{i=1}^{n} (k_{ci} - 1) \cdot h_i \tag{4.18}$$

式中,$u_i$——各层岩层的自由下沉空间;

$M_e$——充填体等价采高;

$k_{ci}$——上覆各层岩石的残余碎胀系数;

$h_i$——上覆各岩层厚度。

岩石的碎胀系数主要取决于岩石的组成、结构、强度及破碎后块度的大小及其排列状态。坚硬岩层成大块断裂且排列整齐,因而碎胀系数较小;若岩石破碎后块度较小且排列较乱,则碎胀系数较大。岩石的碎胀系数一般为 1.05～1.80[202]。岩石的碎胀系数如表 4.1 所示。

结合式(4.11)、式(4.12)及式(4.18),可以得到各岩层的极限跨距、极限挠度以及下部的自由下沉空间,如果岩层的极限挠度小于下部的自由下沉空间,岩层产生导水裂隙,导水裂隙带进一步向上发展;如果岩层的极限挠度大于下部的自由下沉空间或岩层下部不存在自由下沉空间,岩层不会产生导水裂隙,则该岩层底部至煤层顶部的垂直距离即为导水裂隙带可能发展的最大高度。

**表 4.1　岩石碎胀系数**

| 岩性 | 碎胀系数 $k$ | |
|---|---|---|
| | 初始(刚破碎) | 残余(压实后) |
| 砂子 | 1.05～1.15 | 1.01～1.03 |
| 黏土 | 1.20 以下 | 1.03～1.07 |
| 碎煤 | 1.20 以下 | 1.05 |
| 泥质页岩 | 1.40 | 1.10 |
| 砂质页岩 | 1.60～1.80 | 1.10～1.15 |
| 硬砂岩 | 1.50～1.80 | — |

续表

| 岩性 | 碎胀系数 $k$ | |
| --- | --- | --- |
| | 初始(刚破碎) | 残余(压实后) |
| 一般中硬岩 | 1.20～1.50 | 1.025～1.03 |
| 一般硬岩 | 1.50～2.00 | 1.03～1.035 |

## 4.4 覆岩导水裂隙带发育高度的理论计算

公格营子矿表土层下有一层厚度为20～23 m的强含水层，是该矿的主要含水层。主采6煤层均厚15 m，倾角5°～14°，采用巷式分层充填开采的采煤方法，每分层采高3 m。顶板为砂砾岩、夹砂岩，属于中硬岩，无较好的隔水层。上覆岩层中无较好的隔水层(泥岩、黏土等软岩岩层)时，应对覆岩关键层的极限跨距、极限挠度及自由下沉空间进行分析。煤层上覆岩层分层情况及覆岩力学参数见表4.2。

**表4.2　煤层上覆岩层分层情况及覆岩力学参数**

| 层号 | 岩性 | 累深/m | 层厚/m | 容重/(kN/m³) | 抗拉强度 $R_T$/MPa | 弹性模量 $E$/MPa |
| --- | --- | --- | --- | --- | --- | --- |
| 1 | 砂土 | 4.8 | 4.8 | 13.8 | — | — |
| 2 | 砾砂 | 28.98 | 23.18 | 24 | — | — |
| 3 | 砂砾岩 | 48.98 | 20 | 26.2 | 1.4 | 5000 |
| 4 | 砂质泥岩 | 54.67 | 5.69 | 25.5 | 1.0 | 3000 |
| 5 | 砂砾岩 | 81.97 | 27.3 | 26.4 | 1.6 | 5100 |
| 6 | 煤 | 85.04 | 3.07 | 14 | 0.84 | 2000 |
| 7 | 砂砾岩 | 107.01 | 21.97 | 26.4 | 1.7 | 5200 |
| 8 | 煤 | 109.01 | 2 | 14 | 0.82 | 2000 |
| 9 | 砂质泥岩 | 124.01 | 15 | 25.8 | 0.9 | 3000 |
| 10 | 煤 | 126.51 | 2.5 | 14 | 0.85 | 2000 |
| 11 | 砂岩 | 135.31 | 8.8 | 26.2 | 1.8 | 10400 |
| 12 | 砂砾岩 | 139.51 | 4.2 | 26.4 | 1.5 | 4800 |
| 13 | 6煤 | 154.51 | 15 | 14 | 0.85 | 2000 |

### 4.4.1 关键层判断及上覆岩层荷载计算

根据前述关键层的判断方法，对公格营子矿煤层上覆岩层进行判断。结合表 4.2 中具体的地质条件和各岩层的力学参数，由式(3.51)、式(4.14)及(4.15)计算得出结果(见表 4.3)。

**表 4.3 煤层上覆岩层荷载及关键层判别结果**

| 层号 | 岩性 | 层厚/m | 关键层 | 荷载 $p_z$/kPa |
|---|---|---|---|---|
| 1 | 砂土 | 4.8 | — | — |
| 2 | 砾砂 | 23.18 | — | — |
| 3 | 砂砾岩 | 20 | — | 1146.56 |
| 4 | 砂质泥岩 | 5.69 | — | 145.1 |
| 5 | 砂砾岩 | 27.3 | 主关键层 | 1621.85 |
| 6 | 煤 | 3.07 | — | 42.98 |
| 7 | 砂砾岩 | 21.97 | 亚关键层 | 622.33 |
| 8 | 煤 | 2 | — | 28 |
| 9 | 砂质泥岩 | 15 | — | 414.31 |
| 10 | 煤 | 2.5 | — | 35 |
| 11 | 砂岩 | 8.8 | 亚关键层 | 279.5 |
| 12 | 砂砾岩 | 4.2 | — | 110.88 |

### 4.4.2 上覆岩层极限跨距及极限挠度计算

假设上覆各岩层在其下端自由下沉空间充足，依据表 4.2、表 4.3 及式(4.9)、式(4.10)对各岩层极限垮距及极限挠度进行计算，结果如表 4.4 所示。

**表 4.4 上覆岩层极限跨距及极限挠度**

| 层号 | 岩性 | 层厚/m | 极限跨距 $l_{极}$/m | 极限挠度 $W_{极}$/mm |
|---|---|---|---|---|
| 3 | 砂砾岩 | 20 | 31.3 | 0.86 |
| 4 | 砂质泥岩 | 5.69 | 21.1 | 1.63 |
| 5 | 砂砾岩 | 27.3 | 38.3 | 1.05 |

续表

| 层号 | 岩性 | 层厚/m | 极限跨距 $l_{极}$/m | 极限挠度 $W_{极}$/mm |
|---|---|---|---|---|
| 6 | 煤 | 3.07 | 19.2 | 3.16 |
| 7 | 砂砾岩 | 21.97 | 33.3 | 1.56 |
| 8 | 煤 | 2 | 15.3 | 2.85 |
| 9 | 砂质泥岩 | 15 | 31.3 | 1.23 |
| 10 | 煤 | 2.5 | 17.4 | 3.56 |
| 11 | 砂岩 | 8.8 | 31.6 | 1.23 |
| 12 | 砂砾岩 | 4.2 | 21.9 | 2.22 |

从表4.4中可以看出，上覆各岩层在假设其下端自由的情况下达到极限跨距时都会发生断裂，但是覆岩层的极限跨距并不是线性增加的，这是由于覆岩中的关键层在岩层断裂的过程中起了一定的控制作用。

由于采空区充填体的限制作用，覆岩下方的自由下沉空间是有限的，并且随着岩层的断裂，断裂的岩块表现出一定的碎胀性，导致覆岩下部的自由下沉空间会逐渐减小。若上覆关键层岩层与其下断裂岩块接触后，伴随着断裂岩块被压实，覆岩关键层进一步弯曲变形后断裂，则覆岩关键层及所控制各岩层的断裂极限跨距与极限挠度应按式(4.12)、式(4.13)重新进行计算；若覆岩关键层下部自由下沉空间小于覆岩断裂时的极限跨距，岩层不会发生断裂，导水裂隙带的发育将终止，不会继续向上发展。因此，需要对覆岩下部的自由下沉空间做进一步分析。

### 4.4.3　各岩层最大自由下沉空间及相关计算

根据前文的分析，由于最终压实状态的断裂岩石的碎胀系数趋于残余碎胀系数，因此在计算每层岩层下部的自由下沉空间时应采用岩石残余碎胀系数。对于主采6煤上方的自由空间(即层号为12的砂砾岩下方的自由下沉空间)，按充填的等价采高考虑，由于充填前顶板的下沉量很小，根据前文分析，主要考虑充填的欠接顶量(充填率为90%)及充填体的压缩量，按1501 mm进行计算。因此，层号为12的砂砾岩下方的自由下沉空间的高度为1501 mm。对于层号为12的砂砾岩以上各覆岩层下方自由下沉空间的高度，结合式(4.18)及表4.1进行相关计算。由于公格营子矿第四系冲、洪积砂砾石孔隙水与煤系基岩及煤系呈角度不整合接触，没有良好的隔水层，孔隙水直接补给基岩及煤层，因此，各岩层碎胀系数按浸水后岩层的碎胀系数考虑，而覆岩断裂块体尺寸较大，因此岩层碎胀系数取值偏低，计算结果如表 4.5 所示。

**表 4.5　上覆岩层自由下沉空间高度计算结果**

| 层号 | 岩性 | 层厚/m | 碎胀系数 $k_{pi}$ | 断裂岩层未压实充填空间 $(k_{pi}-1)\sum_{i=1}^{n}h_i$ /mm | 残余碎胀系数 $k_c$ | 断裂岩层压实后充填空间 $(k_{ci}-1)\sum_{i=1}^{n}h_i$ /mm | 自由下沉空间高度 $u_i$/mm |
|---|---|---|---|---|---|---|---|
| 12 | 砂砾岩 | 4.2 | 1.2 | 840 | 1.03 | 126 | 1501 |
| 11 | 砂岩 | 8.8 | 1.2 | 1501 | 1.03 | 390 | 1375 |
| 10 | 煤 | 2.5 | 1.1 | — | 1.06 | 540 | 1111 |
| 9 | 砂质泥岩 | 15 | 1.1 | — | 1.06 | 1440 | 961 |
| 8 | 煤 | 2 | 1.1 | — | 1.06 | 1501 | 61 |
| 7 | 砂砾岩 | 21.97 | 1.2 | — | 1.03 | — | — |

由表 4.5 可以看出，对于规则断裂带、裂缝带范围内的岩层，其自由下沉空间(岩层最大允许下沉值)自下而上逐层递减。层号为 11 的砂岩关键层断裂时未与下方断裂岩层接触，因此层号为 11 的砂岩关键层及所控制的岩层的断裂极限跨距、极限挠度均可按式(4.9)、式(4.10)计算。

结合表 4.3～表 4.5 得出覆岩各层断裂的极限跨距、极限挠度与覆岩各层下部自由下沉空间高度，判断最终上覆各岩层的极限跨距、极限挠度及自由下沉空间高度，结果如表 4.6 所示，覆岩层的破坏范围只发展到层号为 7 的砂砾岩的底部，由于没有自由下沉空间，自覆岩层号为 7 的砂砾岩至以上各岩层均不发生断裂。

根据前文的分析，当岩层达到极限跨距时，如果岩层的极限挠度值小于岩层下部自由下沉空间高度，岩层将发生断裂；如果岩层的极限挠度值大于岩层下部自由下沉空间高度或岩层下部不存在自由下沉空间，岩层不会发生断裂。根据表4.6，随着充填宽度的增加，覆岩断裂破坏从层号为 12 的砂砾岩依次向上发展至层号为 8 的煤层，层号为 7 的砂砾岩下部已没有自由下沉空间，因此，导水裂隙带发育到层号为7的砂砾岩底部时，将终止发育。根据以上分析，得出导水裂隙带可能发展的最大高度为32.5 m。

**表4.6　上覆岩层极限跨距、极限挠度及自由下沉空间高度**

| 层号 | 岩性 | 极限跨距 $l_{极}$/m | 极限挠度 $W_{极}$/mm | 自由下沉空间 $u_i$/mm |
|---|---|---|---|---|
| 3 | 砂砾岩 | — | — | — |
| 4 | 砂质泥岩 | — | — | — |
| 5 | 砂砾岩 | — | — | — |
| 6 | 煤 | — | — | — |
| 7 | 砂砾岩 | — | — | — |
| 8 | 煤 | 15.3 | 2.85 | 61 |
| 9 | 砂质泥岩 | 31.3 | 1.23 | 961 |
| 10 | 煤 | 17.4 | 3.56 | 1111 |
| 11 | 砂岩 | 31.6 | 1.23 | 1375 |
| 12 | 砂砾岩 | 21.9 | 2.22 | 1501 |

## 4.5　理论计算与经验公式的对比分析

### 4.5.1　导水裂隙带高度的经验公式

对于导水裂隙带高度，相关学者在大量现场观测的基础上，归纳总结了适用于分层开采的覆岩导水裂隙带高度计算的经验公式，并写进了《建筑物、水体、铁路及主要井巷煤柱留设与压煤开采规范》。

由于巷式充填开采过程中，充填体对上覆岩层的支撑作用，巷式充填开采引起的覆岩破坏程度相当于等价采高的薄煤层垮落法开采所引起的覆岩破坏程度，因此，巷式充填开采的覆岩导水裂隙带的高度可采用等价采高进行预计计算。

根据煤层覆岩岩性的不同，将覆岩岩性分为坚硬、中硬、软弱、极软弱，导水裂隙带高度计算公式如表4.7所示。

**表 4.7　导水裂隙带高度计算公式**　　单位:m

| 岩性 | 导水裂隙带高度（按计算公式之一计算） | 导水裂隙带高度（按计算公式之二计算） |
| --- | --- | --- |
| 坚硬 | $H_m = \dfrac{100\sum M}{1.2\sum M + 2.0} \pm 8.9$ | $H_m = 30\sqrt{\sum M} + 10$ |
| 中硬 | $H_m = \dfrac{100\sum M}{1.6\sum M + 3.6} \pm 5.6$ | $H_m = 20\sqrt{\sum M} + 10$ |
| 软弱 | $H_m = \dfrac{100\sum M}{3.1\sum M + 5.0} \pm 4.0$ | $H_m = 10\sqrt{\sum M} + 5$ |
| 极软弱 | $H_m = \dfrac{100\sum M}{5.0\sum M + 8.0} \pm 3.0$ | — |

注：$\sum M$ 为累计采厚；计算公式中 ± 号项为中误差。

根据公格营子矿提供的充填开采技术数据，导水裂隙带计算公式中的累计采厚采用充填等价采厚。则充填开采采厚可以按式(4.1)进行计算。

### 4.5.2　理论计算与经验公式的对比分析

依据公格营子矿地质资料，公格营子矿覆岩岩性为中硬，选取中硬覆岩的导水裂隙带高度的计算公式。根据公格营子矿提供的充填开采技术数据，分层充填开采的充填率按 90% 考虑，公格营子矿导水裂隙带高度的计算结果如表4.8所示。

**表 4.8　导水裂隙带高度计算结果**　　单位:m

| 岩性 | 导水裂隙带高度（按计算公式之一计算） | 导水裂隙带高度（按计算公式之二计算） |
| --- | --- | --- |
| 中硬 | 19.4～30.6 | 34.5 |

从安全角度考虑，根据经验公式计算得出导水裂隙带的最大发育高度为 34.5 m，而理论分析得出导水裂隙带高度为 32.5 m，小于经验公式的 34.5 m，可以看出按经验公式计算得出的导水裂隙带最大高度值相对来说偏保守。

## 4.6　本章小结

(1)结合充填开采的等价采高对巷式充填开采覆岩导水裂隙带发育高度进行了分析预计，总结了等价采高的影响因素，包括顶、底板移近量，充填欠接顶量及充填体压缩量，并给出了充填等价采高的相关计算公式：

$$M_e = \eta \cdot M + (1-\varepsilon) \cdot M + \delta \cdot \varepsilon \cdot M$$

(2)对覆岩变形破坏进行了相关的力学分析，结合前文对于充填体上方直接顶岩梁受力变形的相关分析，建立了老顶岩梁的力学模型，推导了老顶岩梁断裂的极限跨距与极限挠度，为覆岩关键层断裂分析提供了方法，为导水裂隙带发育高度提供了计算方法。结合老顶断裂岩块的受力平衡分析，对覆岩断裂是否发展至裂隙带给出了判别条件，即顶板岩层分层厚度应大于下部 1.5 倍的自由下沉空间高度。给出了岩层自由下沉空间高度的计算公式：

$$u_i = M_e - \sum_{i=1}^{n} (k_{ci} - 1) \cdot h_i$$

(3)结合公格营子矿巷式充填开采，对主采 6 煤上覆各岩层的极限跨距、极限挠度及自由下沉空间高度进行了理论计算，得出导水裂隙带发展至层号为 7 的砂砾岩底部时，导水裂隙带的高度为 32.5 m。

(4)根据《建筑物、水体、铁路及主要井巷煤柱留设与压煤开采规范》中有关导水裂隙带高度的经验公式，对公格营子矿的导水裂隙带高度进行了计算，得出导水裂隙带的最大高度为34.5 m。与理论分析计算得出的 32.5 m 相比，经验公式计算得出的导水裂隙带高度偏保守。

# 第五章　巷式充填开采覆岩移动及导水裂隙带数值模拟研究

为了进一步研究巷式充填开采覆岩的移动变形机理，得到巷式充填开采覆岩导水裂隙带发育规律，本章首先利用 $FLAC^{3D}$ 软件结合公格营子矿区的地质条件建立矿区三维模型来模拟导水裂隙带的发育情况。为更好地说明巷式充填开采较长壁垮落法开采能更有效地控制导水裂隙带的发育高度，分别模拟长壁垮落法开采和巷式充填开采的覆岩破坏过程。其次，分别模拟分析采厚、充填率及充填体弹性模量三种因素对巷式充填开采导水裂隙带发育情况的影响，利用回归分析得出各影响因素下导水裂隙带的高度公式，并结合公格营子矿实际情况得出公格营子矿巷式充填开采覆岩移动情况及导水裂隙带的最终高度。

## 5.1　$FLAC^{3D}$软件概述

起源于流体动力学的快速拉格朗日差分分析(fast Lagrangian analysis of continua)简称 FLAC，最开始由威尔金斯(Willkins)应用于固体力学领域，现已成为岩土力学计算重要的数值方法之一。三维岩体在达到强度极限或屈服极限后发生的破坏行为可以在 $FLAC^{3D}$ 数值模拟软件上得到很好的展现。该软件在分析渐进破坏失稳以及模拟大变形方面有着很好的表现[206]。

与大多数数值模拟软件不同，$FLAC^{3D}$ 的操作界面简洁明了、特点鲜明，其使用特征和计算特征别具一格。$FLAC^{3D}$ 采用的是命令驱动方式，其在岩土工程领域具有强大的分析能力，程序内置了丰富的材料本构模型，并且可以进行不同模式间耦合模拟与计算。同时，FLAC$^{3D}$具有开放性，用户可自行定义本构模型、编译程序代码，且 FLAC$^{3D}$可以兼容其他软件建立的复杂三维模型。

采用 FLAC$^{3D}$进行数值模拟时，有三个基本部分必须定义：有限差分网格，本构关系和材料特性，边界和初始条件。建立 FLAC$^{3D}$计算模型，主要包括以下步骤：

(1)根据研究介质区域，定义模型的有限差分网格，定义所要模拟的几何空间。

(2)定义模拟材料的本构模型，对材料进行参数设置，限定模型对于外界扰动做出的变化规律(比如开挖引起的变形反应)。

(3)定义研究介质的边界条件和初始条件，并定义模型的初始状态。

在定义完这些条件后，即可求解模型的初始状态；接着，执行开挖或根据工程需要变更其他模拟条件，然后对改动后的模型进行计算步数设定，或者让模型受力达到一定数值，进而求解模型对模拟条件变更后做出的响应。

FLAC$^{3D}$基本求解过程见图 5.1。

## 5.2　巷式充填开采及垮落法开采覆岩导水裂隙带发育高度的数值模拟

本节采用 FLAC$^{3D}$模拟巷式充填开采及垮落法开采覆岩导水裂隙带高度的发育情况。

### 5.2.1　模拟方案的确定

为更好地说明巷式充填开采比长壁垮落法开采能更有效地控制导水裂隙带的发育高度，在相同的采矿地质条件下，采用 FLAC$^{3D}$分别模拟长壁垮落法开采和巷式充填开采的覆岩破坏过程。分别建立如下两种模拟方案来对比分析两种开采方法导水裂隙带高度的发育情况，并通过对比分析说明两者之间的区别。

(1)相同采厚(3 m)条件下，垮落法开采和巷式充填开采的导水裂隙带高度的动态分析变化。

(2)不同采厚(3 m、6 m、9 m、12 m、15 m)条件下，垮落法开采和巷式充填开采的导水裂隙带高度的对比分析。

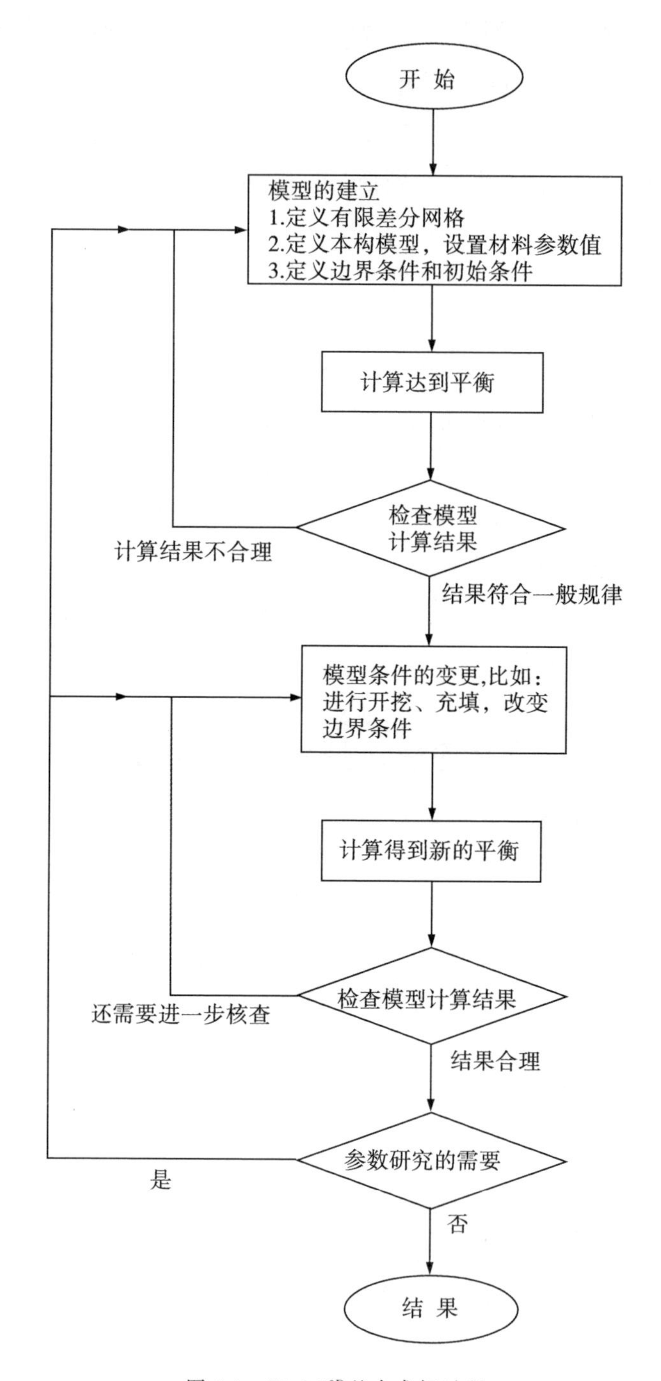


图 5.1 FLAC$^{3D}$基本求解过程

### 5.2.2　数值模型的建立

根据上述模拟方案，建立矿区三维数值模型。根据公格营子矿地质条件建立的 $FLAC^{3D}$ 计算模型如图 5.2 所示。根据公格营子矿的地质条件，对煤岩层进行简化后，建立三维数值模型，模型走向长度 300 m，倾向长度 150 m，高度 121 m。煤厚根据不同模拟方案进行变化，方案①煤厚 3 m，埋深 144 m。主关键层顶部作为模型的上边界，上覆各岩层施以等效荷载。煤层底板以下 30 m 作为下边界，开切眼和停采线沿走向（$x$ 方向）各向外扩展 60 m 作为模型的左右边界，工作面沿倾向（$y$ 方向）各向外扩展 30 m 作为模型前后边界。考虑到模拟只研究巷式充填开采覆岩移动及导水裂隙带发育情况，不涉及地表沉降，因此，只要使导水裂隙带高度发育范围内覆岩达到充分采动即可。从而设计模型开采工作面尺寸为 180 m×90 m，工作面沿走向长 180 m，沿倾向长 90 m。对于中间主要研究区域，$x$ 方向（走向）单元间隔 4 m，两侧煤柱区域单元间隔 6 m；$y$ 方向（倾向）单元间隔 5 m。单元的高度随煤岩层关注重点及煤岩层厚度不同而有所差异。

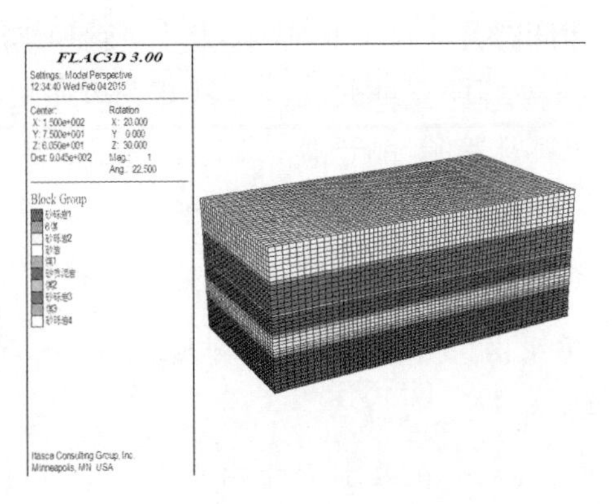


图 5.2　矿区三维数值模型

从图 5.2 中的模型可知，模型网格采用不等分划分，规划开采区域网格比较密，其余网格稀疏程度随单元关注重要性而定，整个计算模型共划分成 79950 个单元，生成 85923 个网格节点。

### 5.2.3　模型边界条件、本构关系及参数的选取

（1）模型的上部边界水平方向和竖直方向的移动量较大，定为自由边界，不

受约束，上部边界施加等效荷载，值为主关键层往上直至地表的所有覆岩层的自重应力之和，其值为 $p=\gamma h$，其中 $\gamma$ 为各上覆岩层的平均容重，取 2600 $kN/m^3$，$h$ 为模型上部边界至地表距离，取 54 m。

(2)模型的前后左右边界定为单约束边界，固定水平方向位移，可以有竖直方向位移。

(3)模型的下部边界水平方向和竖直方向的移动量较采空区上覆岩层的移动量小得多，定为全约束边界，固定水平、竖直方向位移。

模型边界条件如图 5.3 所示。根据公格营子矿地质采矿条件及岩石力学特性，将煤岩层看作均质、连续和各向同性的弹塑性介质，选用摩尔-库仑(Mohr-Coulomb)弹塑性本构模型。

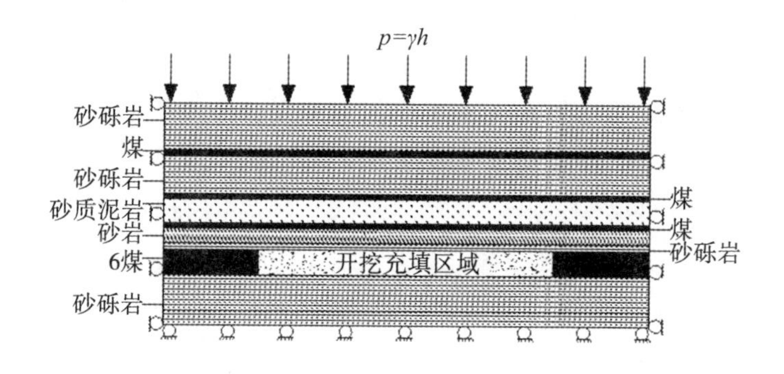


图 5.3　模型边界条件

摩尔-库仑模型所采用的破坏准则为摩尔-库仑准则和最大拉应力准则，其破坏原则服从主应力关系：$\sigma_1 \leqslant \sigma_2 \leqslant \sigma_3$。破坏准则在($\sigma_1,\sigma_3$)面上的表示如图5.4所示。

破坏包络线 $f(\sigma_1,\sigma_3)=0$，在 $A$ 到 $B$ 上由摩尔-库仑准则 $f_s=0$($f_s=0$ 代表图 5.4 中从 $A$ 点至 $B$ 点的包络线)定义：

$$f_s=\sigma_1-\sigma_3 N_\varphi+2c\sqrt{N_\varphi} \tag{5.1}$$

在 $B$ 到 $C$ 上由拉伸破坏准则 $f_t=0$($f_t=0$ 代表图 5.4 中从 $B$ 点至 $C$ 点的包络线)定义：

$$f_t=\sigma_3-\sigma_t \tag{5.2}$$

式中，$\varphi$——摩擦角；

$c$——黏聚力；

$\sigma_t$——抗拉强度；

$N_\varphi=\dfrac{1+\sin\varphi}{1-\sin\varphi}$。

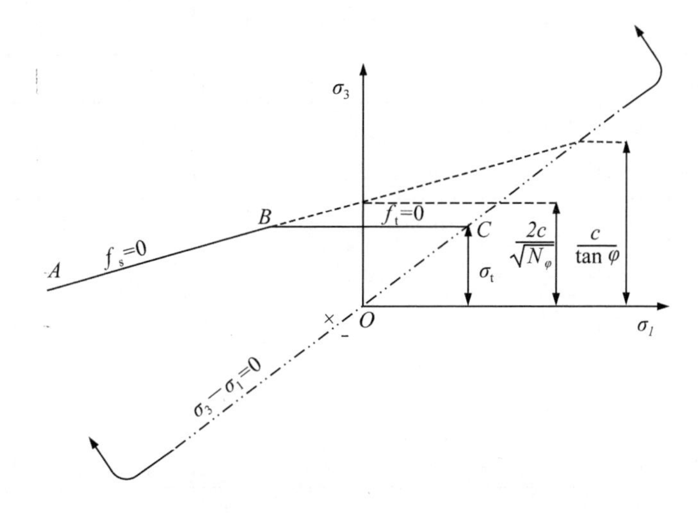


图 5.4 破坏准则在$(\sigma_1,\sigma_3)$面上的表示

由图 5.4 可知，材料的抗拉强度不能超过 $f_s=0$ 和 $\sigma_1=\sigma_3$ 交点对应的 $\sigma_3$ 值，因此抗拉强度的最大值为：

$$\sigma_{\mathrm{tmax}}=\frac{c}{\tan\varphi} \tag{5.3}$$

公格营子矿煤层及上覆岩层物理力学参数如表 5.1 所示。在表 5.1 中层号为 1～4 的岩层自重采用等效荷载代替，因此在层号为 1～4 的岩层力学参数中只列出了岩层厚度及容重。

**表 5.1 公格营子矿煤层及上覆岩层物理力学参数**

| 层号 | 岩性 | 层厚 /m | 容重 /(kN/m³) | 抗拉强度 $\sigma_T$/MPa | 体积模量 $K$/MPa | 剪切模量 $G$/MPa | 内摩擦角 $\varphi$/(°) | 内聚力 $c$/MPa |
|---|---|---|---|---|---|---|---|---|
| 1 | 表土 | 5 | 13.8 | — | — | — | — | — |
| 2 | 含水层 | 24 | 24 | — | — | — | — | — |
| 3 | 砂砾岩 | 20 | 26.2 | — | — | — | — | — |
| 4 | 砂质泥岩 | 5 | 25.5 | — | — | — | — | — |
| 5 | 砂砾岩 | 28 | 26 | 1.6 | 2976 | 2049 | 33 | 3.6 |

续表

| 层号 | 岩性 | 层厚 /m | 容重 /(kN/m³) | 抗拉强度 $\sigma_T$/MPa | 体积模量 $K$/MPa | 剪切模量 $G$/MPa | 内摩擦角 $\varphi$/(°) | 内聚力 $c$/MPa |
|---|---|---|---|---|---|---|---|---|
| 6 | 煤 | 3 | 14 | 0.84 | 2083 | 746 | 28 | 1.2 |
| 7 | 砂砾岩 | 24 | 26.4 | 1.7 | 3462 | 2177 | 34 | 3 |
| 8 | 煤 | 2 | 14 | 0.82 | 1944 | 795 | 28 | 1.1 |
| 9 | 砂质泥岩 | 15 | 25.8 | 0.9 | 2273 | 1172 | 38 | 1.8 |
| 10 | 煤 | 3 | 14 | 0.85 | 1875 | 672 | 28 | 1 |
| 11 | 砂岩 | 9 | 26.2 | 1.8 | 5778 | 4333 | 34 | 3.2 |
| 12 | 砂砾岩 | 4 | 26.4 | 1.5 | 2857 | 1967 | 32 | 2.5 |
| 13 | 6 煤 | 15 | 14 | 0.85 | 2381 | 735 | 28 | 1.2 |
| 14 | 砂砾岩 | 30 | 26.4 | 1.5 | 3077 | 1935 | 32 | 2.75 |
| — | 似膏体 | — | 18.2 | 0.85 | 405 | 279 | 23 | 0.85 |

### 5.2.4 数值模拟步骤及结果分析

#### 5.2.4.1 相同采厚(3 m)条件下垮落法开采和巷式充填开采导水裂隙带高度的动态变化分析

模拟垮落法开采煤层，在与模型左边界的水平距离为 60 m 处开切眼，工作面长度为90 m，沿走向共推进 180 m，停采线与模型右边界的水平距离为 60 m。开挖步距按4 m模拟。

模拟巷式充填开采时，布置与垮落法开采相同的工作面，根据之前确定的充填巷及护巷柱体的宽度，设置充填巷宽 4 m，高 3 m，长 90 m，充填巷间护巷柱体宽 8 m，距模型左侧水平边界 60 m 处首先开挖第一条充填巷，在第一条巷道右侧留出 8 m 的护巷柱体后，开挖第二条充填巷，同时对第一条充填巷进行充填。依次掘巷充填，据停采线水平距离 8 m 处完成第一轮循环，其后，在充填巷之间的煤柱中再进行下一循环，总共循环 3 次，每一循环共掘进充填 15 条巷道。

在垮落法开采推进一定距离后以及随着巷式充填开采第三轮循环的进行，充填宽度逐渐增加，上覆岩层产生的裂隙带下部受拉应力作用，而上部受到弯曲下沉带的压应力作用，裂隙带岩层处于塑性破坏状态，产生塑形变形，水平裂隙和垂直裂隙较为发育，但基本上保持原有的连续性；而弯曲带岩层只产生弯曲下沉,岩层基本未遭破坏。由于边界煤柱的存在,采空区及充填区边缘的岩体受到拉应力作用,结合主应力的相关分析,当该岩层的主应力(最大拉应力)达到岩层的抗拉强度时,岩层断裂或产生裂隙,裂隙得到了充分的发展,裂隙带常在此处发展至最高,从而确定出导水裂隙带可能发育的最大高度。

从图 5.5 和图 5.6 中可以看出,采用巷式充填开采的导水裂隙带的最大高度较垮落法开采的导水裂隙带的最大高度有明显降低,由 45 m 减少到 13 m,降幅达到了 71.1%。

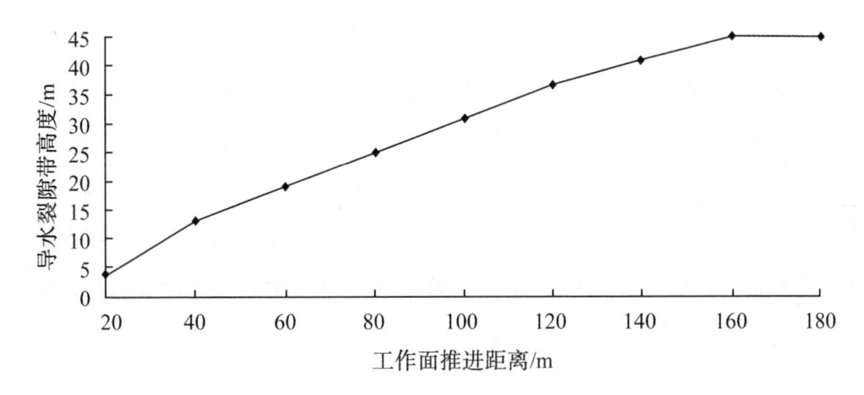


图 5.5 垮落法开采导水裂隙带高度动态变化曲线图

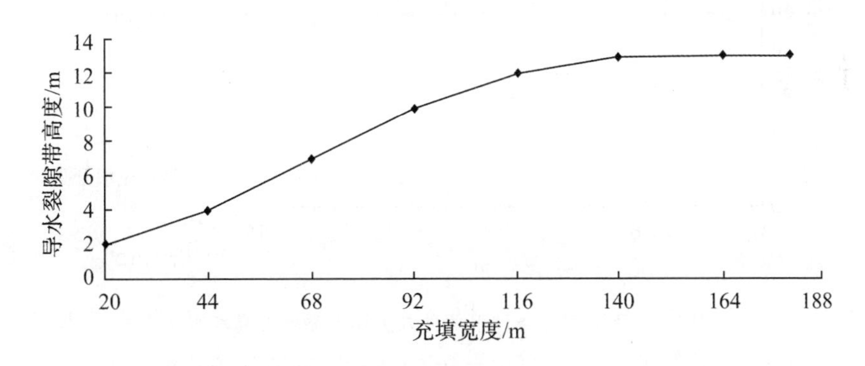


图 5.6 巷式充填开采导水裂隙带高度动态变化曲线图

从图 5.5 和图 5.6 中可知,在整个开采过程中,垮落法开采较巷式充填开采导水裂隙带高度大,随着垮落法开采过程中工作面推进及巷式充填开采过程中充填宽度的增加,两种开采方法导水裂隙带发育的高度差异显著。垮落法开采导水裂隙带高度从最开始时的 4 m 最终发展到 45 m,达到稳定,导水裂隙带的发育速度快且剧烈;巷式充填开采随着第三轮循环的进行,充填宽度逐渐增加,导水裂隙带高度也从最开始时的 2 m 缓慢增长到 13 m，达到稳定，导水裂隙带的发育速度较缓和。造成两种开采方法导水裂隙带发育高度不同的原因是：垮落法开采形成的采空区为岩层的垮落提供了空间，导致垮落法开采覆岩破坏经历了从初期破坏剧烈、裂隙发育较快，到中期裂隙发育逐渐减缓，最后趋于平稳的过程；而巷式充填开采由于充填体的充入，减少了顶板的自由移动空间，因此在整个开采过程中，导水裂隙带发育高度降低、发育速度减缓。

5.2.4.2 不同采厚(3 m、6 m、9 m、12 m、15 m)条件下垮落法开采和巷式充填开采的导水裂隙带高度的对比分析

其他地质采矿条件不变，通过改变煤层的开采厚度，计算比较分析两种不同开采方法导水裂隙带高度的差别，计算结果如图 5.7、图 5.8 所示。

对于垮落法开采，开挖步骤与方案①中垮落法开采相同，且一次采全高；对于巷式充填开采，当采厚为 6 m、9 m、12 m 及 15 m 时采用分层充填开采，分层厚度 3 m，自下而上进行。对于每一分层巷式充填开采，巷道掘进及充填步骤与方案①中巷式充填开采相同。

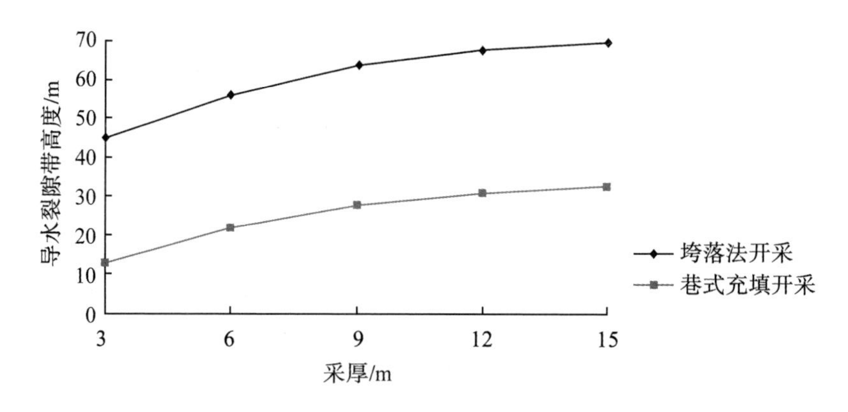


图 5.7 不同采厚条件下两种方法导水裂隙带高度对比

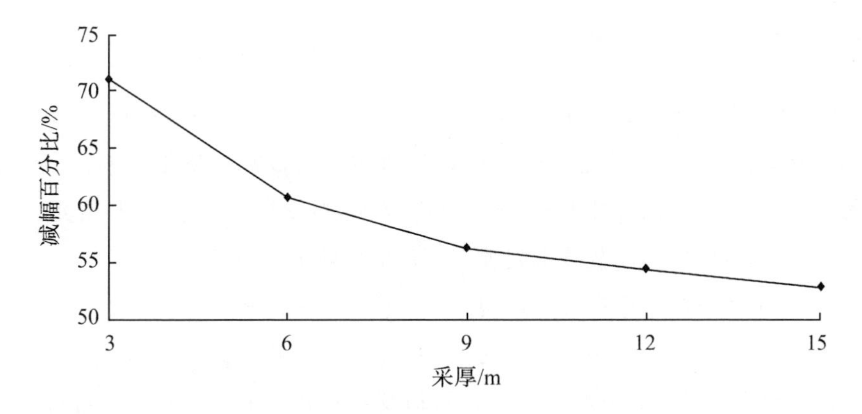


图 5.8 巷式充填开采导水裂隙带高度减小幅度

根据图 5.7、图 5.8 可以得出以下几点结论。

(1)随着采厚的增加,两种开采方法导水裂隙带高度变化都是先增加后趋于稳定,呈现出非线性关系。但在同一采厚条件下,与垮落法开采相比,巷式充填开采的导水裂隙带高度明显减小,最大减小了 37 m,最大减小幅度为 71.1%,说明巷式充填开采控制覆岩破坏效果明显。

(2)在一定采厚范围内,巷式充填开采裂隙带高度减小幅度可控制在 50%以上,效果显著。随着采厚的增加,裂隙带高度减小幅度略有减小,这主要是由于采厚变大后,充填体厚度相应增加,在相同充填率的情况下,其下部自由空间相对是增加的。裂隙带高度减小呈非线性变化。

综上所述,与垮落法开采相比,巷式充填开采具有如下特点。

(1)导水裂隙带高度有明显降低,且在开采过程中导水裂隙带发育比较平缓。

(2)在一定范围内,随着采厚增加,导水裂隙带高度有所增加,增长幅度较小。

## 5.3 巷式充填开采覆岩移动及导水裂隙带发育高度的影响因素分析

本节使用的数值模型是基于前文公格营子矿地质条件下的初始模型建立的,用于模拟不同因素影响下巷式充填采煤覆岩导水裂隙带高度的发育情况。

### 5.3.1 模拟方案的确定

为研究不同影响因素条件下巷式充填开采覆岩的移动变形规律,分析采厚、充填率、充填体弹性模型对巷式充填开采导水裂隙带高度的影响,分别建立如下三种模拟方案来对巷式充填开采覆岩移动及导水裂隙带高度的发育情况进行分析研究。

(1)采厚对覆岩移动及导水裂隙带高度的影响分析。

(2)充填率对覆岩移动及导水裂隙带高度的影响分析。

(3)充填体弹性模量对覆岩移动及导水裂隙带高度的影响分析。

在模拟采厚对巷式充填开采覆岩移动及导水裂隙带高度的影响过程中,对于采厚 6 m、9 m、12 m 及 15 m 的情况,采用自下而上分层充填开采的采煤方法,每分层厚度 3 m,采空区全部充填。充填巷宽 4 m,巷间护巷柱体宽 8 m。底分层与左边界水平距离 60 m 位置起,依次掘巷并充填,至终采线水平距离 8 m 处,完成第一轮循环,其后依次完成第二、三轮循环。待底分层完全充填稳定后,进行上一分层的巷式充填开采。图 5.9 为一个分层三轮循环开掘并充填的巷道在采区位置的示意图,每一轮循环巷道按自左到右的顺序依次开掘并充填。

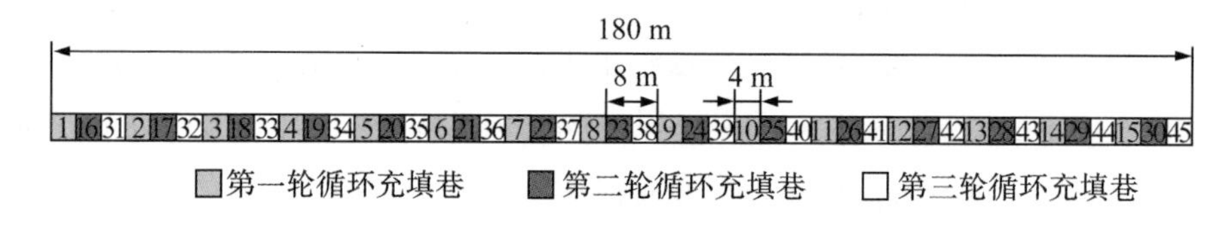


图 5.9 底分层巷道开掘充填顺序示意图

在煤层开采过程中,由于采空区得到及时充填,直接顶部下沉、变形和冒落受到限制,老顶断裂或弯曲下沉但不发生垮落。推进一定距离后,裂隙带下部受拉应力作用,而上部受到上覆岩层荷载作用,裂隙带岩层发生塑性破坏,裂隙发育。由于边界煤柱的存在,采空区边缘的岩体受到拉应力作用,裂隙得到了充分的发展,裂隙带常在此处发展最高。

### 5.3.2 采厚对覆岩移动及导水裂隙带高度的影响分析

在初始模型的基础上,模拟采厚对覆岩移动及导水裂隙带高度的影响变化特征,采厚分别选取 3 m、6 m、9 m、12 m 及 15 m。除采厚改变外,不同采厚方案的边界条件、岩层性质、充填情况及开采范围等均保持一致。

通过对上述方案的模拟计算，得出不同采厚对覆岩移动及导水裂隙带高度的影响变化。不同采厚条件下，在工作面中部沿走向方向剖面最大主应力及塑性区变化如图 5.10、图 5.11 所示。

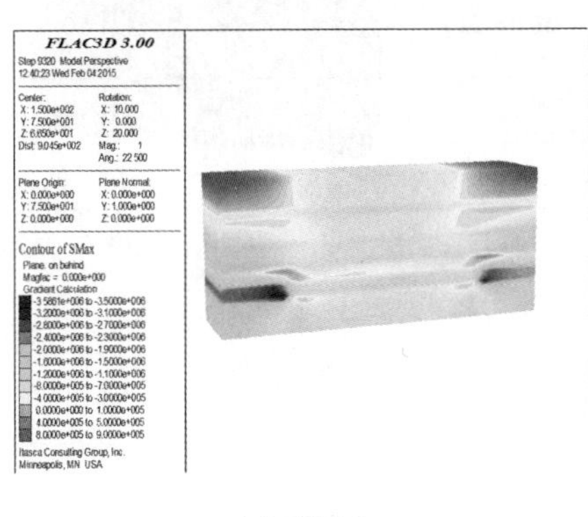


(a)采厚 3 m



(b)采厚 6 m

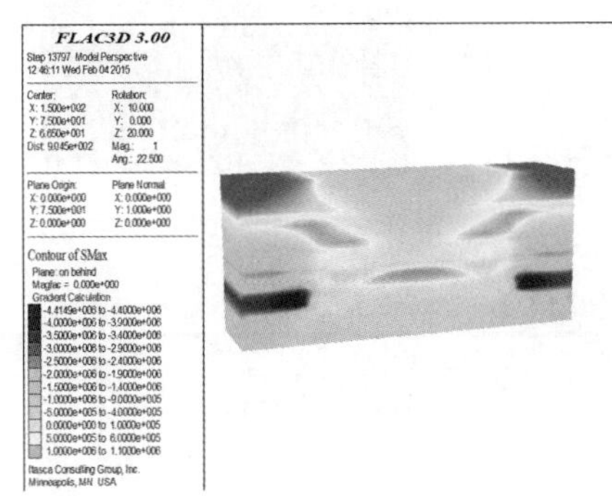


(c)采厚 9 m

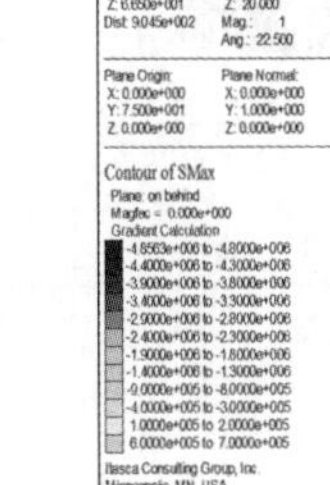


(d)采厚 12 m

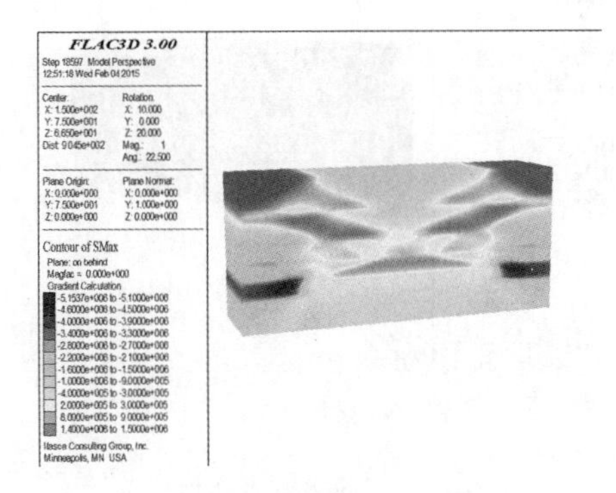


(e)采厚 15 m

图 5.10　不同采厚下最大主应力图

(a)采厚 3 m

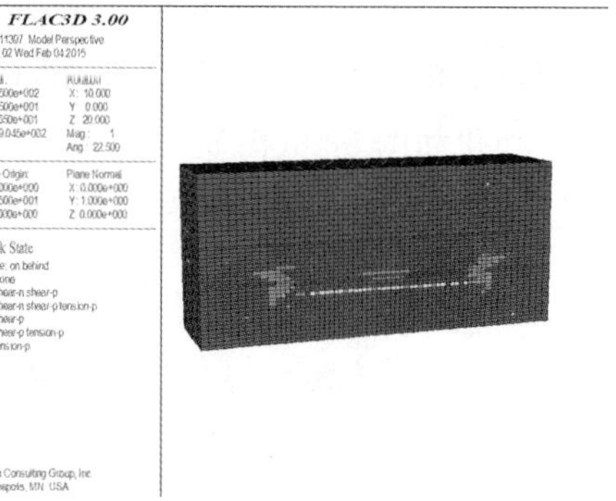


(b)采厚 6 m

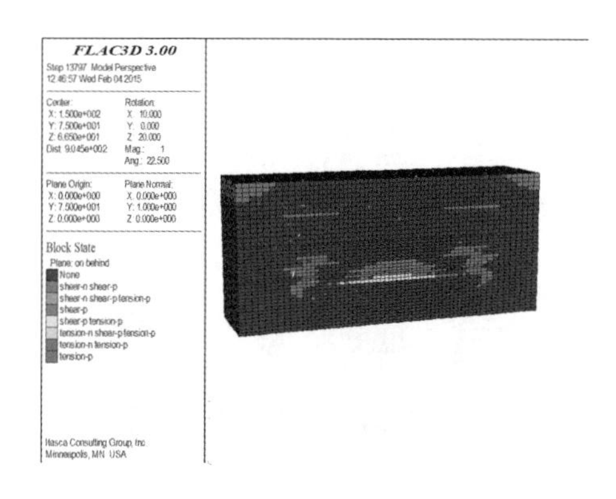


(c)采厚 9 m

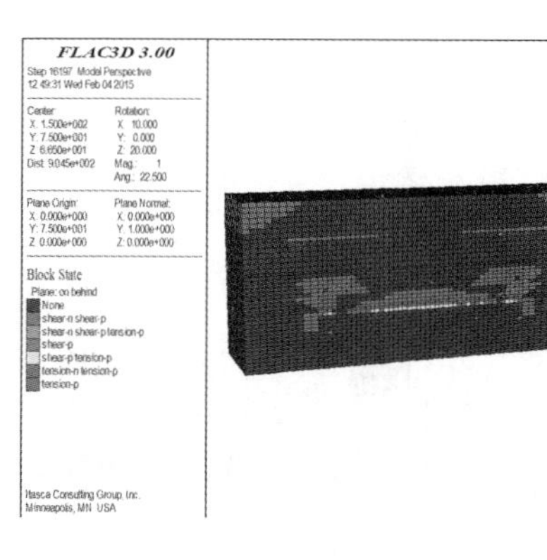


(d)采厚 12 m

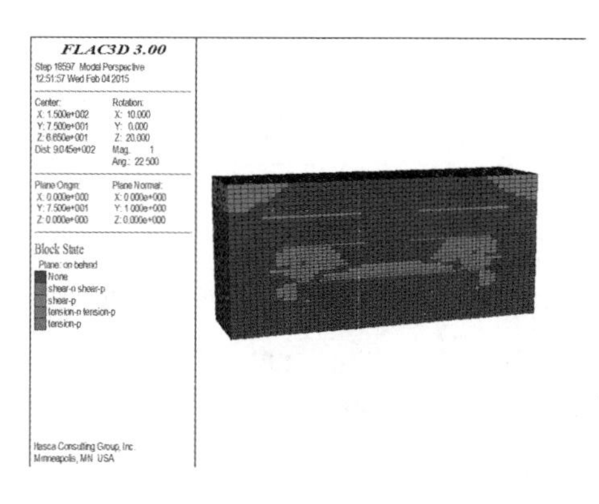


(e)采厚 15 m

图 5.11　不同采厚下塑性区图

不同采厚条件下，覆岩垂直应力及垂直位移云图如图 5.12、图 5.13 所示。

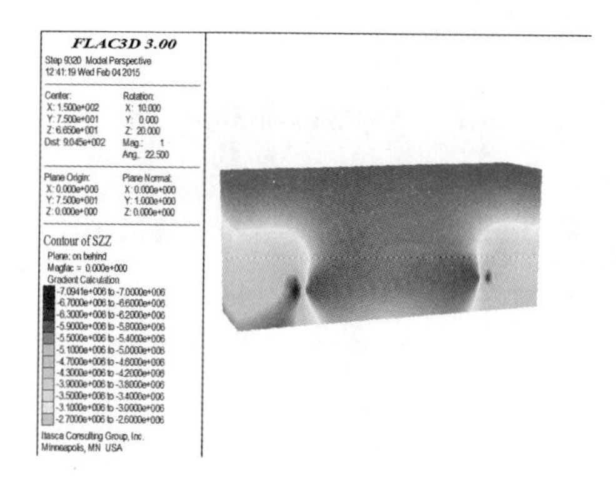


(a)采厚 3 m

(b)采厚 6 m

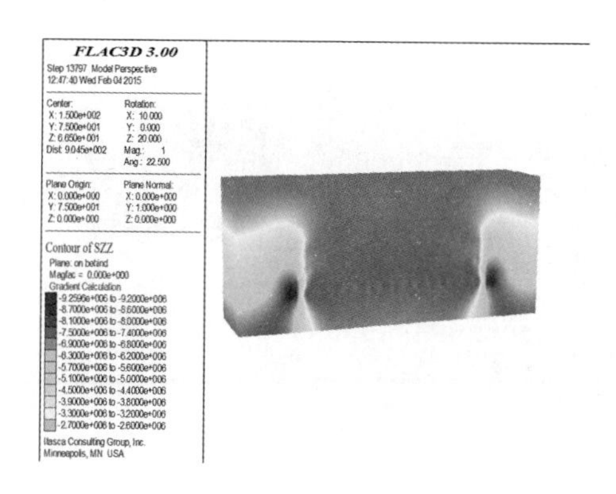


(c)采厚 9 m

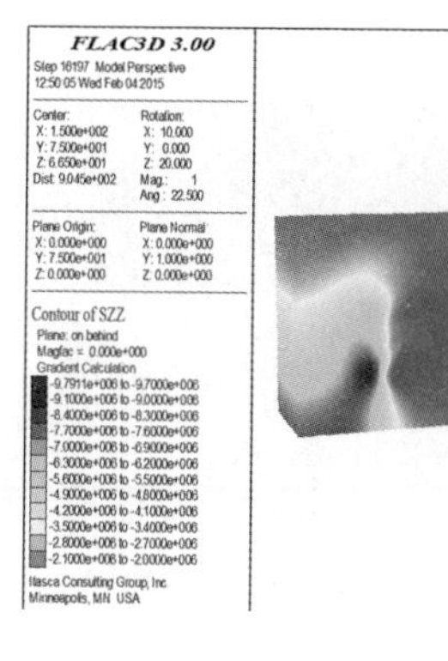


(d)采厚 12 m

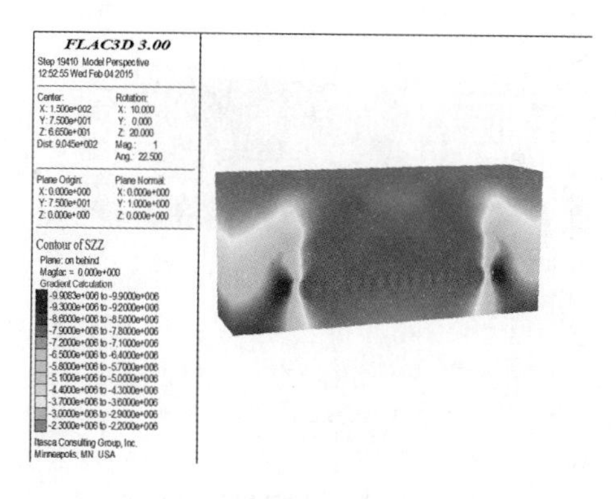


(e)采厚 15 m

图 5.12　不同采厚下覆岩垂直应力云图

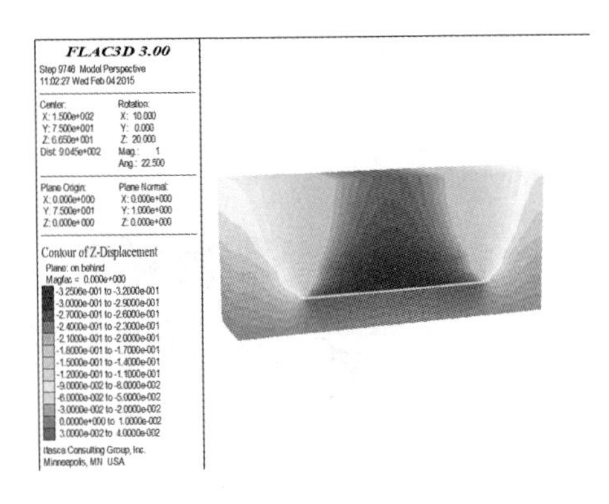


(a)采厚 3 m



(b)采厚 6 m

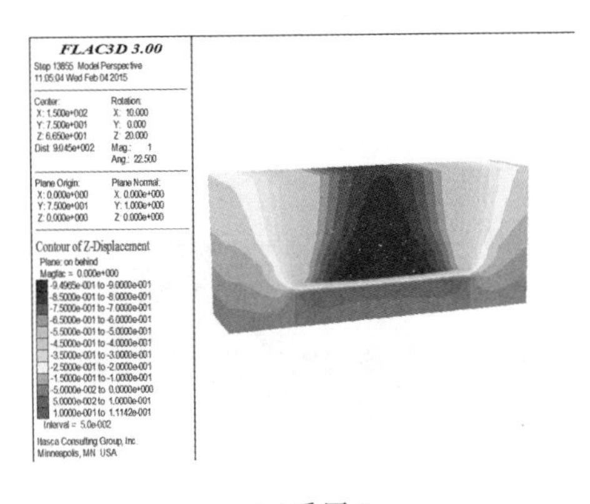


(c)采厚 9 m

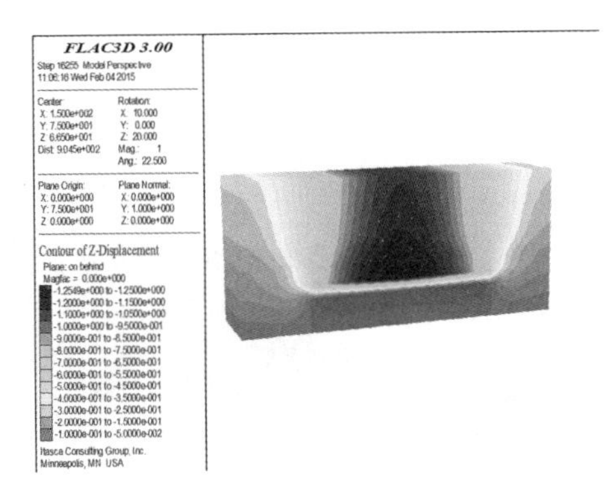


(d)采厚 12 m

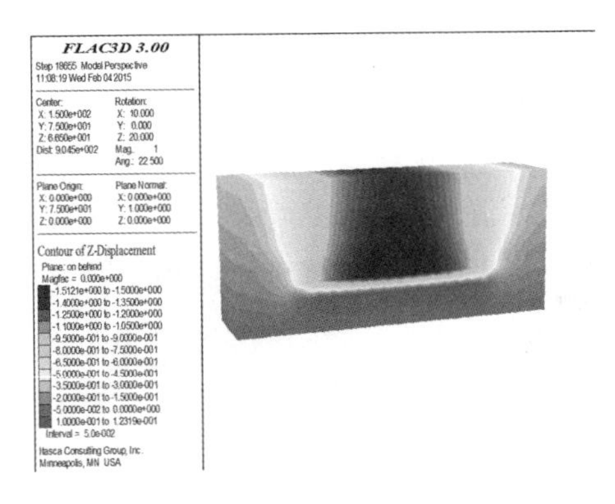


(e)采厚 15 m

图 5.13　不同采厚下覆岩垂直位移云图

由图 5.10 及图 5.11 可以分析得出：

(1)随着采厚的增大,应力值逐渐增加,最大主应力为正值时表现为拉应力,最大主应力为负值时表现为压应力。在图 5.10 中,最大主应力值均集中在 1～2 MPa,较稳定;随着采厚的增加,应力变化范围亦不断向上发展,当采厚由 3 m 增加到 15 m 时,充填体上覆岩层的最大主应力位置由顶板砂岩层移动到层号为 7 的砂砾岩,覆岩的最大主应力也增加到 2 MPa,覆岩破坏高度随之增加。覆岩破坏高度主要集中在煤层顶板上方 0～33 m。

(2)巷式充填开采覆岩破坏塑性区高度随采厚的增加而增大,塑性区主要分布在煤层顶板上方 0～33 m,与主应力相对应。当采厚为 3 m 时,塑性区最大高度 13 m,塑性破坏发展到顶板砂岩层;随着采厚的增加,当采厚为 6 m 时,覆岩塑性破坏高度达到 22 m,发展到覆岩层号为 9 的砂质泥岩的底部;当采厚为 9 m 时,覆岩塑性破坏发展到覆岩层号为 9 的砂质泥岩的顶部,覆岩破坏高度达到 28 m;当采厚为 12 m 时,覆岩塑性破坏的范围达到 31 m,塑性破坏贯穿层号为 9 的砂质泥岩;当采厚为 15 m 时,覆岩塑性区最大高度达到了 33 m,覆岩塑性破坏发展至覆岩层号为 7 的砂砾岩的底部,覆岩破坏纵向的增长幅度显著降低,而横向影响范围扩大。此时,导水裂隙带的最大高度为层号为 7 的砂砾岩底部至充填体上方的垂直距离。

由图 5.12、图 5.13 可以分析得出：

(1)巷式充填开采后,距离两侧煤壁一定距离处产生应力集中。随着采厚的增加,应力峰值逐渐加大。当采厚为 3 m 时,垂直应力峰值为 7.09 MPa,应力集中系数为 1.89,峰值位置距离工作面煤壁 12 m,而煤壁侧的充填体由于应力转移处于减压区;当采厚为 6 m 时,垂直应力峰值为 8.56 MPa,应力集中系数为 2.28,应力峰值变化不明显;当采厚为 9 m 时,垂直应力峰值为 9.26 MPa,应力集中系数为 2.47,应力峰值增长幅度开始降低;当采厚从 12 m 变为 15 m 时,垂直应力峰值也由 9.79 MPa 增加到 9.91 MPa,应力集中系数从 2.61 升至 2.64,应力峰值变化不明显。

(2)随着采厚的增加,覆岩垂直位移进一步变大,这是由于在充填率一定的条件下,基于充填开采等价采高理论,巷式充填开采等价采高随采厚的增加而逐步变大,从而使顶板下部自由空间相对增大,下沉空间变大使充填体对覆岩层移动的限制减小,当覆岩充分下沉断裂后,导水裂隙带继续向上发展,导水裂隙带高度增大。

不同采厚下导水裂隙带高度最大值如表 5.2 所示。

**表 5.2　不同采厚下导水裂隙带高度最大值**

| 模拟方案 | 采厚/m | 充填率/% | 充填体弹性模量/MPa | 走向长度/m | 倾向长度/m | 导水裂隙带最大高度/m |
|---|---|---|---|---|---|---|
| 1-1 | 3 | 90 | 680 | 180 | 90 | 13 |
| 1-2 | 6 | 90 | 680 | 180 | 90 | 22 |
| 1-3 | 9 | 90 | 680 | 180 | 90 | 28 |
| 1-4 | 12 | 90 | 680 | 180 | 90 | 31 |
| 1-5 | 15 | 90 | 680 | 180 | 90 | 33 |

随采厚的变化，导水裂隙带高度变化曲线如图 5.14 所示。

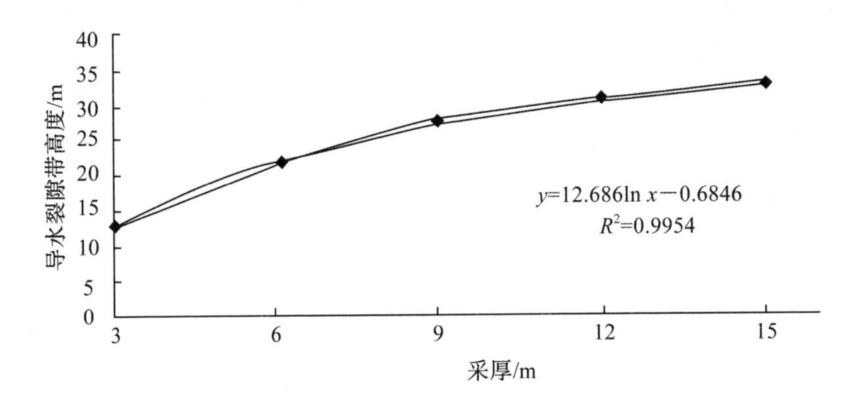


图 5.14　不同采厚下导水裂隙带高度变化曲线图

导水裂隙带发育高度随采厚增大而增加，但增加量相对较小，没有出现突变现象，最终高度值分别为 13 m、22 m、28 m、31 m 及 33 m。通过回归分析，得出了巷式充填开采下导水裂隙带高度随采厚变化的关系式，即

$$y=12.686\ln x-0.6846,\ R^2=0.9954 \tag{5.4}$$

式中，$y$——导水裂隙带高度，m；

$x$——采厚，m；

$R$——相关系数。

### 5.3.3　充填率对覆岩移动及导水裂隙带高度的影响分析

在初始模型的基础上，模拟充填率对覆岩移动及导水裂隙带高度的影响变化特征，分别选取充填率为 80%、85%、90%、95%、99%。除充填率改变外，不同充填率方案的边界条件、岩层性质及开采范围等均保持一致。

通过对上述方案的模拟计算，得出不同充填率对覆岩移动及导水裂隙带高度的影响变化。不同充填率下覆岩最大主应力及塑性区变化如图 5.15、图 5.16 所示。

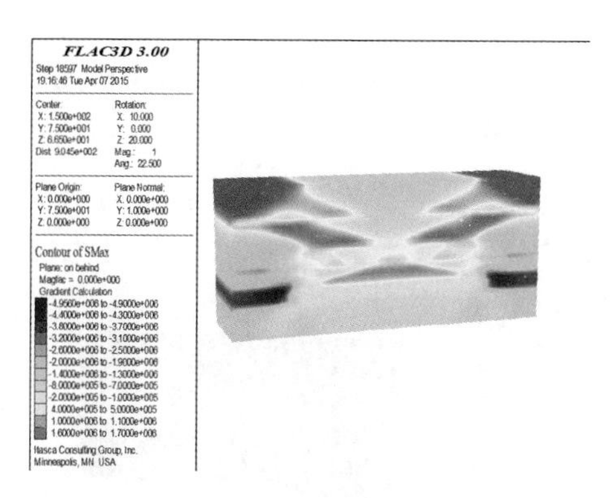


(a)充填率 80%

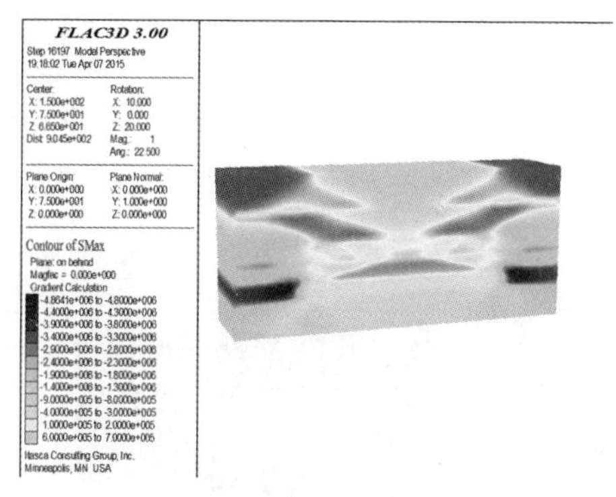


(b)充填率 85%

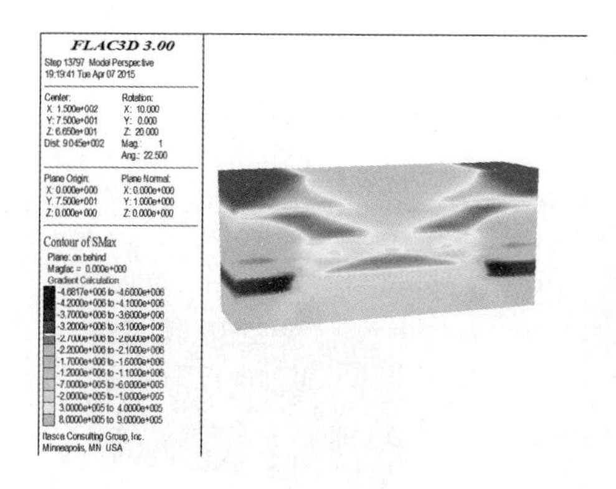


(c)充填率 90%

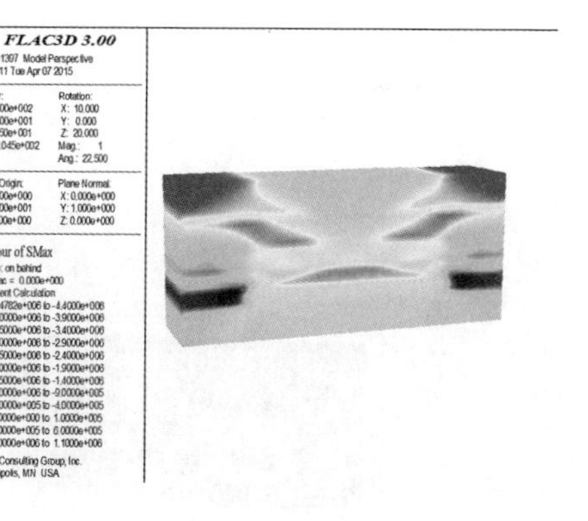


(d)充填率 95%

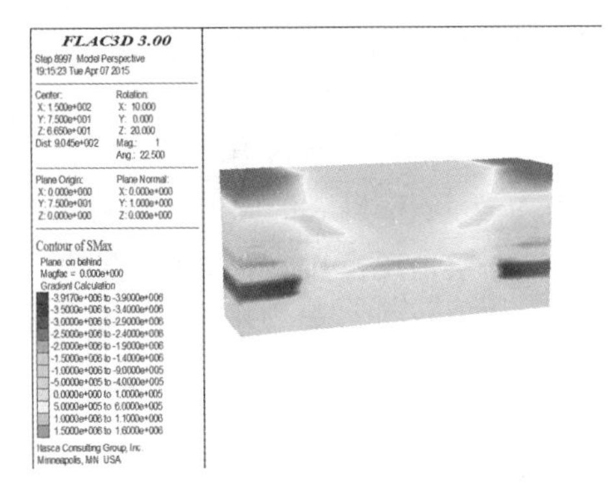


(e)充填率 99%

图 5.15　不同充填率下覆岩最大主应力图

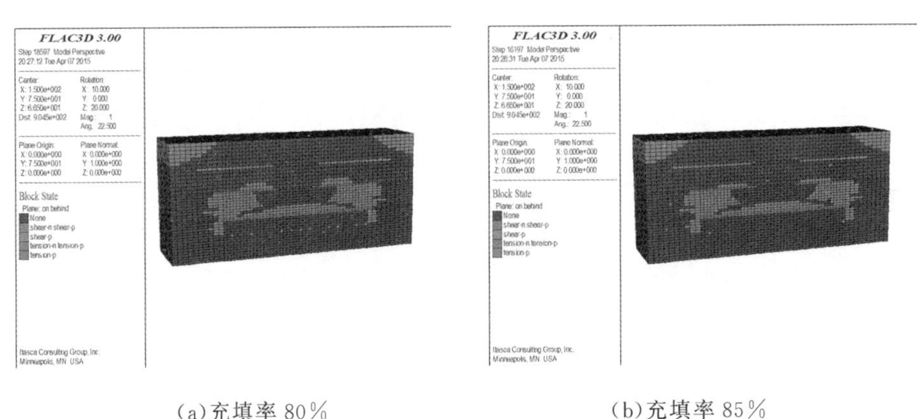


(a)充填率 80%　　(b)充填率 85%

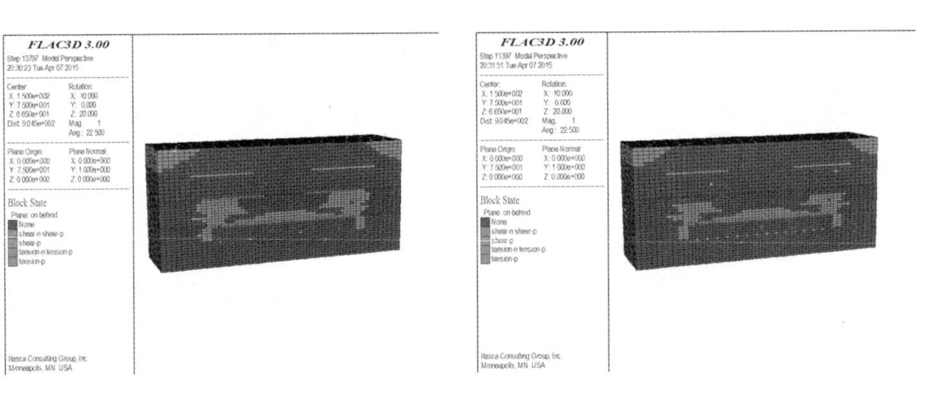


(c)充填率 90%　　(d)充填率 95%

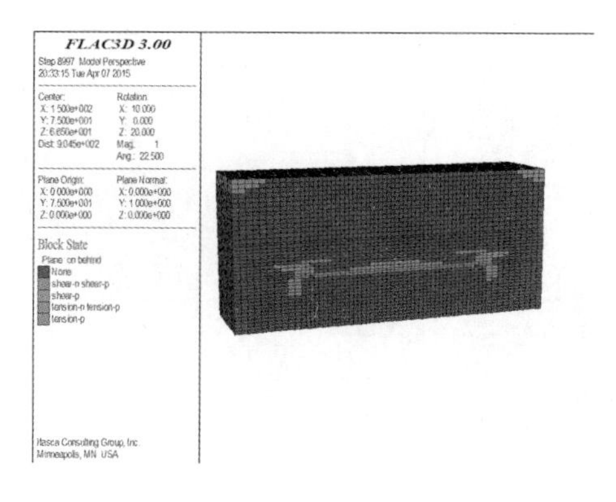


(e)充填率 99%

图 5.16　不同充填率下覆岩塑性区图

不同充填率下覆岩垂直应力及垂直位移云图如图 5.17、图 5.18 所示。

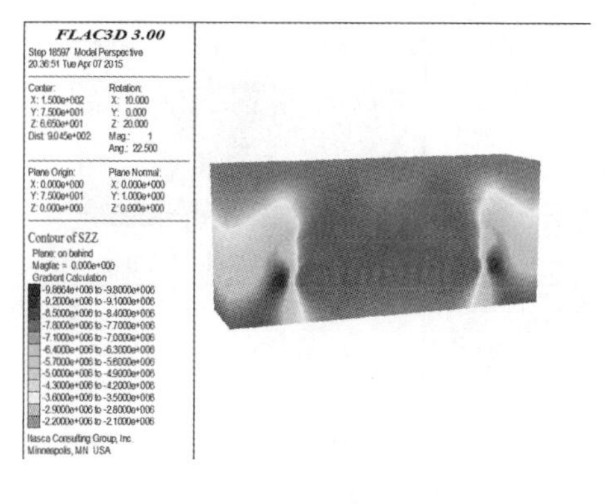


(a)充填率 80%

(b)充填率 85%

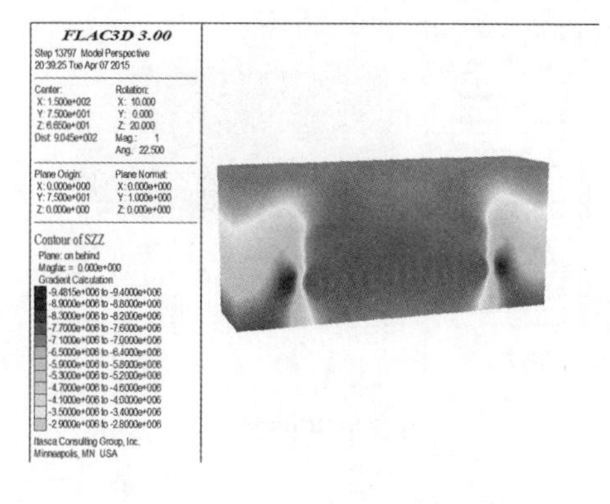


(c)充填率 90%

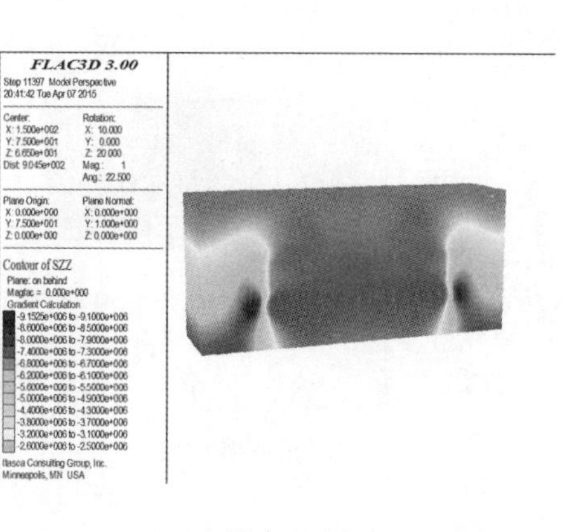


(d)充填率 95%

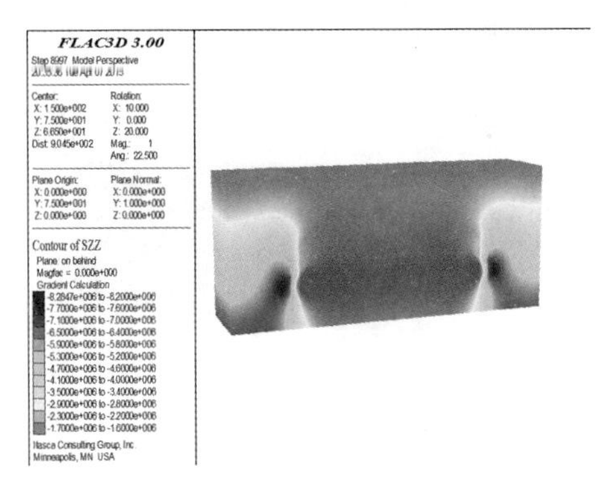


(e)充填率 99%

图 5.17　不同充填率下覆岩垂直应力云图

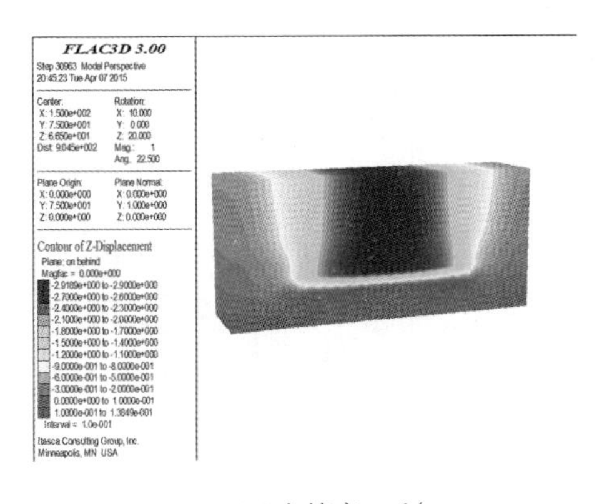


(a)充填率 80%

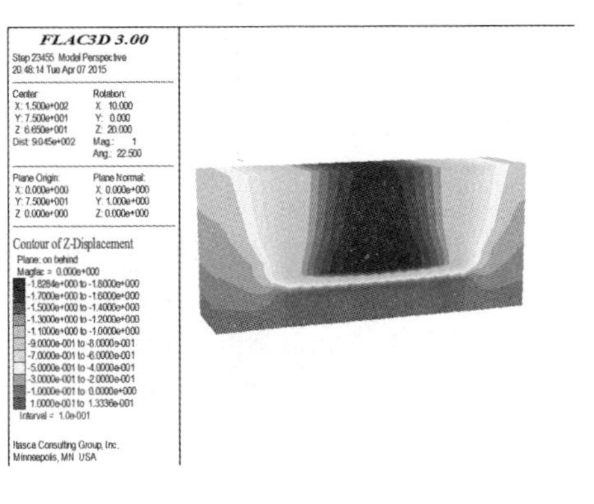


(b)充填率 85%

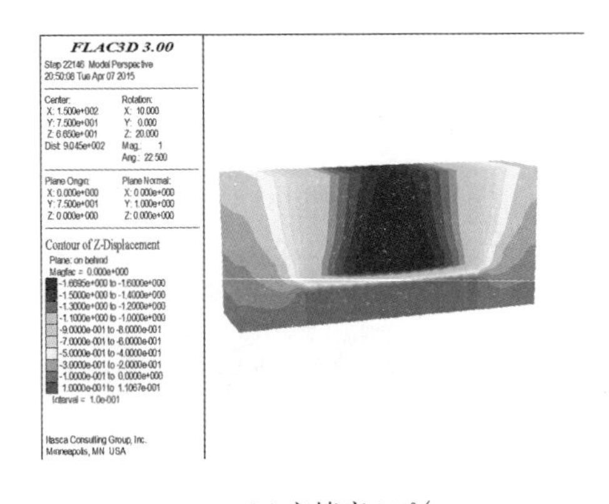


(c)充填率 90%

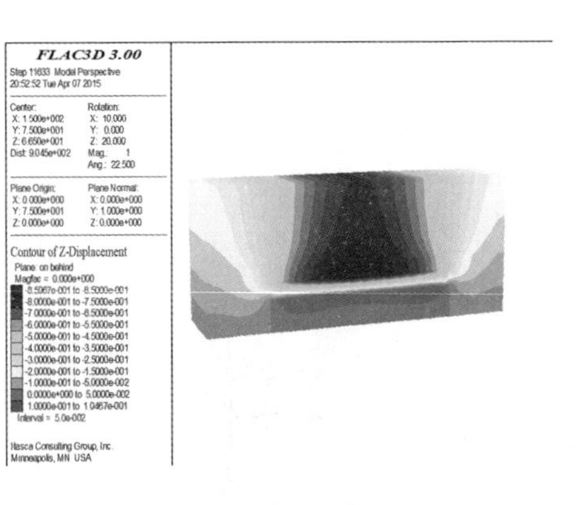


(d)充填率 95%

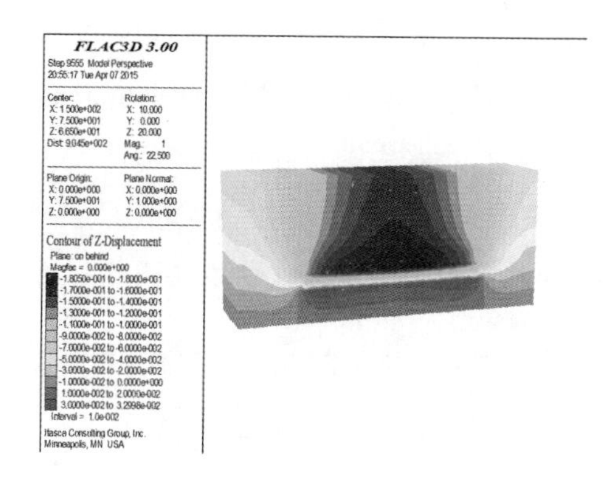


(e)充填率 99%

图 5.18　不同充填率下覆岩垂直位移云图

由图 5.15 及图 5.16 可以分析得出：

(1)随着充填率的增加，最大主应力值逐渐降低。图 5.15 中，随着充填率的增加，应力变化范围明显降低，当充填率从 80%增加到 99%时，覆岩破坏高度随之降低。覆岩破坏主要分布在煤层顶板上方 16～41 m 范围内。

(2)巷式充填开采覆岩破坏塑性区高度随充填率的增加而降低，与主应力变化相对应。当充填率为 80%时，塑性区最大高度 41 m，塑性破坏发展到覆岩层号为 7 的砂砾岩中下部；随着充填率的增加，当充填率为 85%时，覆岩塑性破坏高度降低到 37 m，发展到覆岩层号为 7 的砂砾岩的底部；当充填率增加到 90%时，覆岩塑性破坏的高度降低到 33 m，塑性破坏发展到覆岩层号为 6 的薄煤层的顶部；当充填率达到 95%时，导水裂隙带的高度降低到 26 m，覆岩破坏发展至覆岩层号为 9 的砂质泥岩中上部；继续提高充填率，当充填率提高至 99%时，覆岩破坏发展随之降低至覆岩层号为 9 的砂质泥岩的底部，塑性破坏高度仅为 16 m。

由图 5.17、图 5.18 可以分析得出：巷式充填开采后，垂直应力集中位置主要分布在两侧煤柱区一定范围内。随着充填率的增加，应力峰值逐渐降低。充填率为 80%时，垂直应力峰值为 9.86 MPa，应力集中系数为 2.63；充填率为 85%时，垂直应力峰值降为9.74 MPa，应力集中系数为 2.6。当充填率从 90%增加到 95%时，垂直应力峰值也由 9.48 MPa 降到 9.15 MPa；当充填率提升至 99%时，垂直应力峰值降至 8.28 MPa，应力集中系数为 2.21。可以看出，应力峰值随着充填率的增加及充填体的逐步压实而降低，并且随着充填率的增加，覆岩垂直位移逐渐减小，覆岩层主关键层垂直位移由充填率为 80%时的 2.92 m 降低至充填率为99%时的0.16 m。这是由于在采厚一定的条件下，随着充填率的增加，巷式充填等价采高逐步降低，从而使顶板下部自由空间相对减小，下沉空间的减小限制了覆岩层的移动，导水裂隙带高度随之降低。

不同充填率下导水裂隙带高度最大值如表5.3所示。

随充填率的变化，导水裂隙带高度变化曲线如图5.19所示。

**表5.3　不同充填率下导水裂隙带高度最大值**

| 模拟方案 | 充填率/% | 采厚/m | 充填体弹性模量/MPa | 走向长度/m | 倾向长度/m | 导水裂隙带最大高度/m |
|---|---|---|---|---|---|---|
| 2-1 | 80 | 15 | 680 | 180 | 90 | 41 |
| 2-2 | 85 | 15 | 680 | 180 | 90 | 37 |
| 2-3 | 90 | 15 | 680 | 180 | 90 | 33 |
| 2-4 | 95 | 15 | 680 | 180 | 90 | 26 |
| 2-5 | 99 | 15 | 680 | 180 | 90 | 16 |

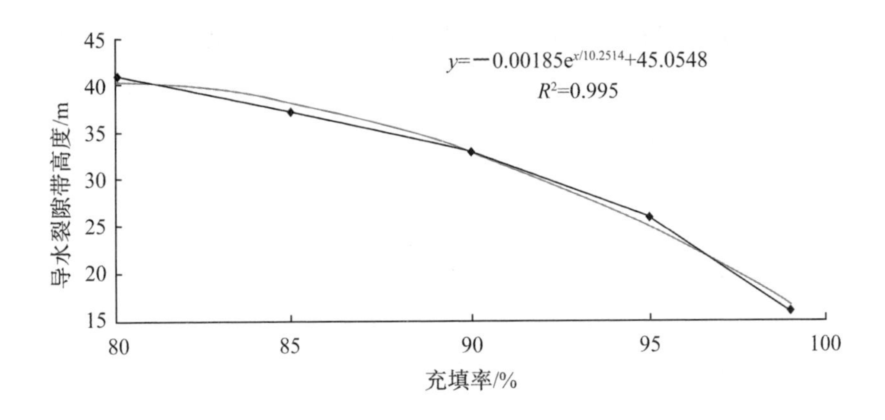


图5.19　不同充填率下导水裂隙带高度变化曲线图

由图5.19可以看出：随着充填率的增加，导水裂隙带高度有明显降低的趋势，且导水裂隙带的变化幅度基本是均匀的。根据等价采高理论，充填率的增加相当于开采煤层厚度逐渐减小、导水裂隙带高度降低。

由此可知，充填率是影响导水裂隙带高度的重要因素，保证充填率是控制覆岩破坏的前提。通过回归分析，得出充填率与导水裂隙带高度之间的关系式为：

$$y=-0.00185e^{x/10.2514}+45.0548,\ R^2=0.995 \tag{5.5}$$

式中，$y$——导水裂隙带高度，m；

$x$——充填率，%；

$R$——相关系数。

### 5.3.4　充填体弹性模量对覆岩移动及导水裂隙带高度的影响分析

在初始模型的基础上，模拟充填体弹性模量对巷式充填开采覆岩移动及导水裂隙带高度的影响，分别选取充填体弹性模量为 0.1 GPa、0.5 GPa、1 GPa、1.5 GPa及 2 GPa。除充填体弹性模量改变外，不同充填体弹性模量方案的边界条件、岩层性质及开采范围等均保持一致。

通过对上述方案的模拟计算，得出不同充填体弹性模量对巷式充填开采覆岩移动及导水裂隙带高度的影响。不同充填体弹性模量下覆岩最大主应力及塑性区变化如图 5.20、图 5.21 所示。

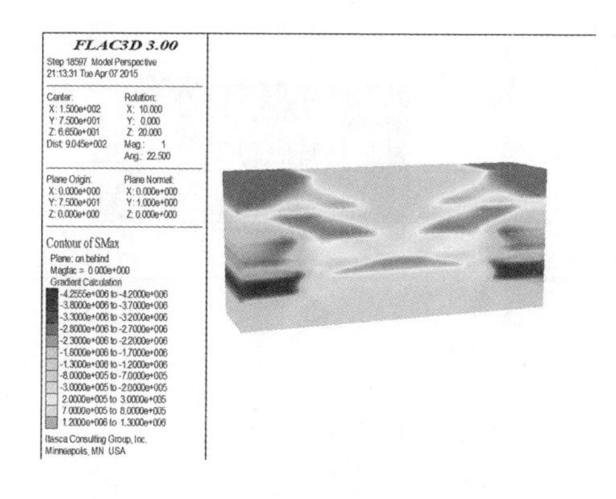


(a)充填体弹性模量 0.1 GPa

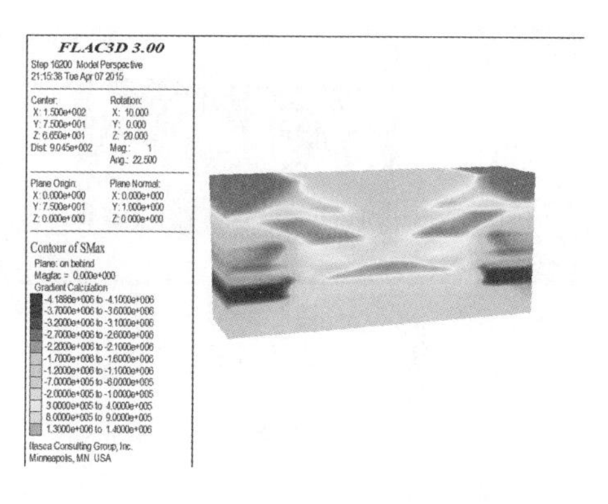


(b)充填体弹性模量 0.5 GPa

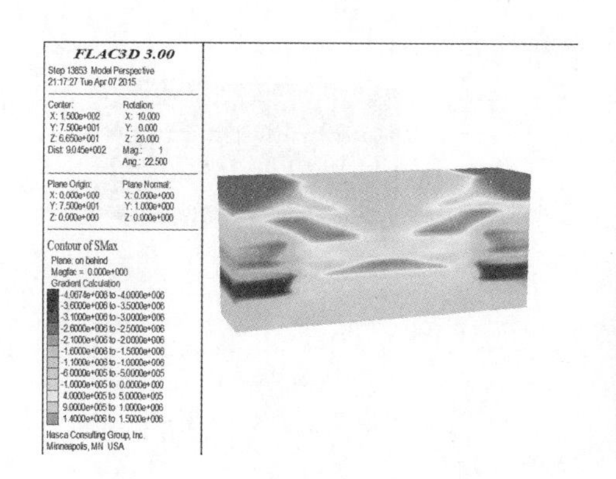


(c)充填体弹性模量 1 GPa

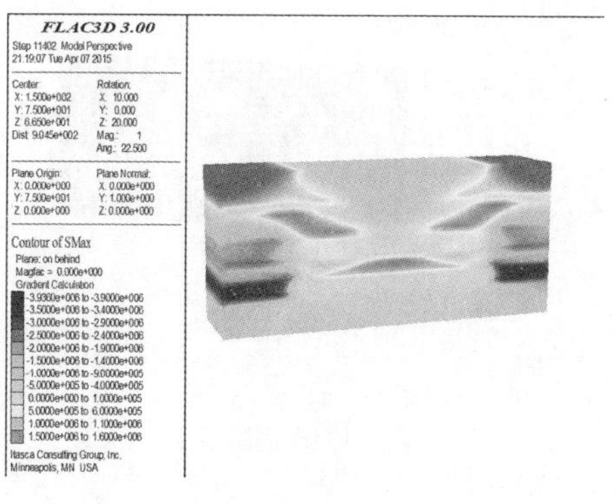


(d)充填体弹性模量 1.5 GPa

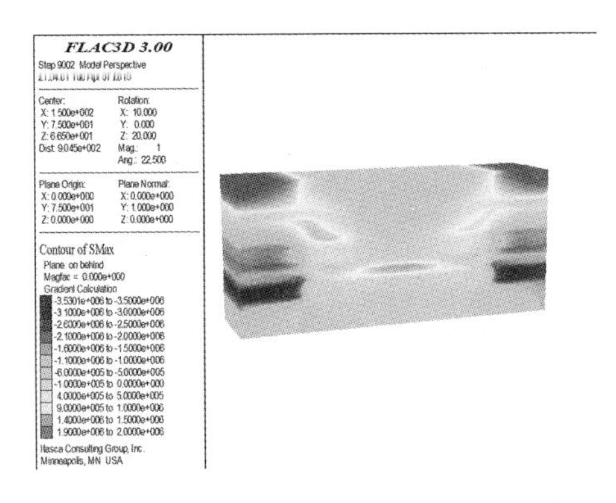


(e)充填体弹性模量 2 GPa

图 5.20　不同充填体弹性模量下覆岩最大主应力图

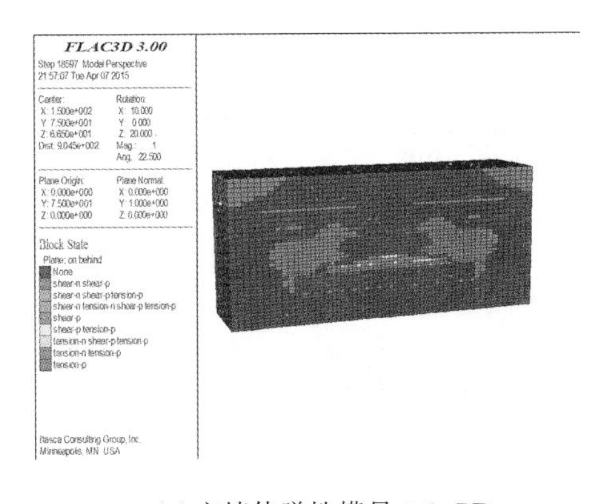


(a)充填体弹性模量 0.1 GPa

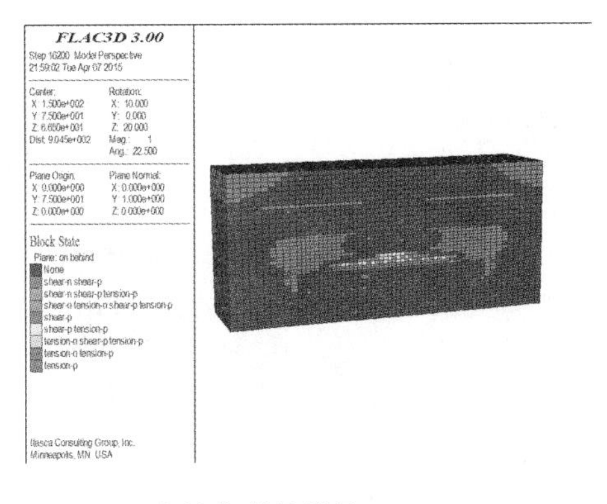


(b)充填体弹性模量 0.5 GPa

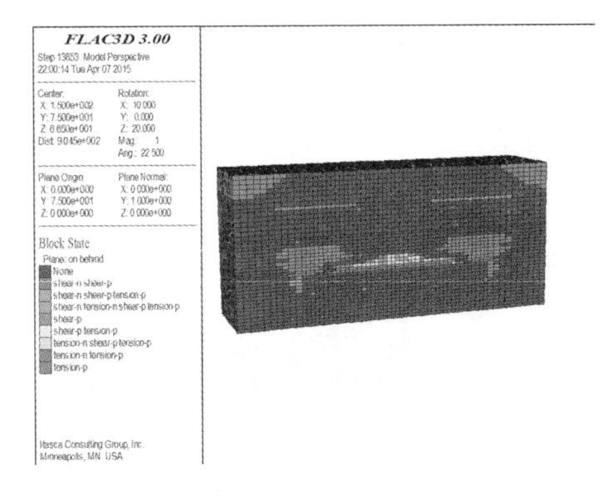


(c)充填体弹性模量 1 GPa

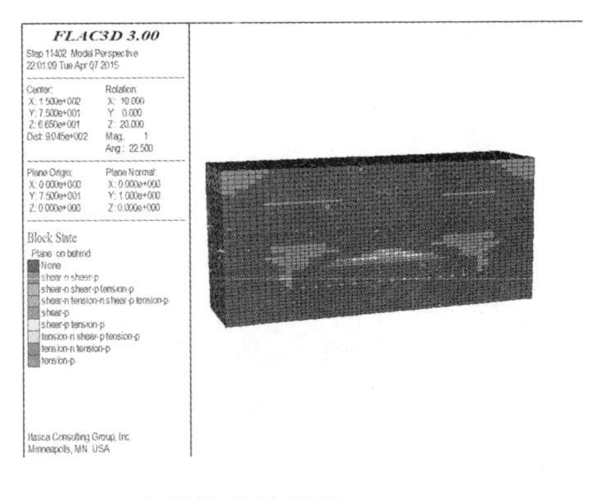


(d)充填体弹性模量 1.5 GPa

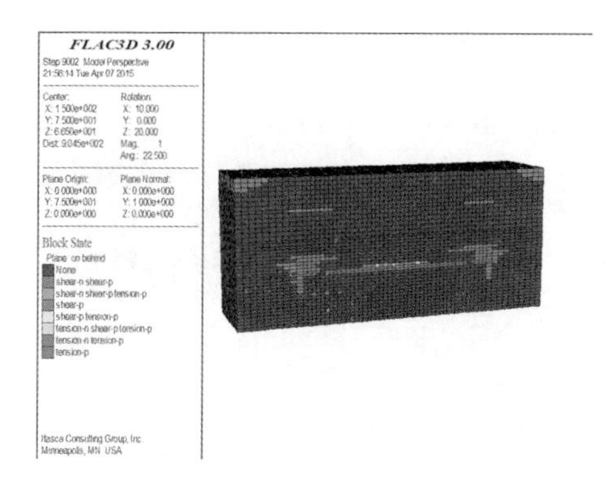


(e)充填体弹性模量 2 GPa

图 5.21　不同充填体弹性模量下塑性区图

不同充填体弹性模量下覆岩垂直应力及垂直位移云图如图 5.22、图 5.23 所示。

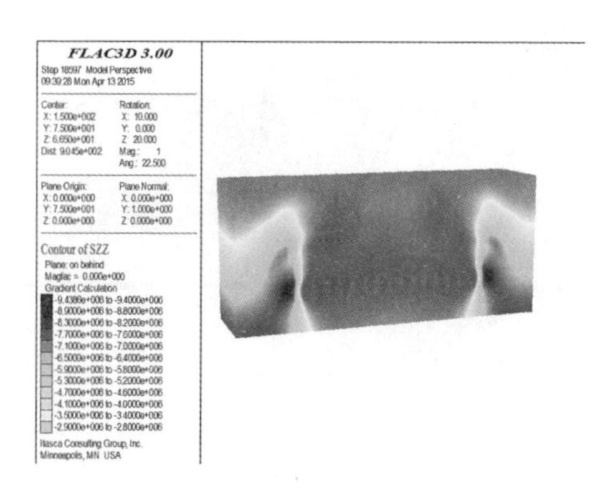


(a)充填体弹性模量 0.1 GPa

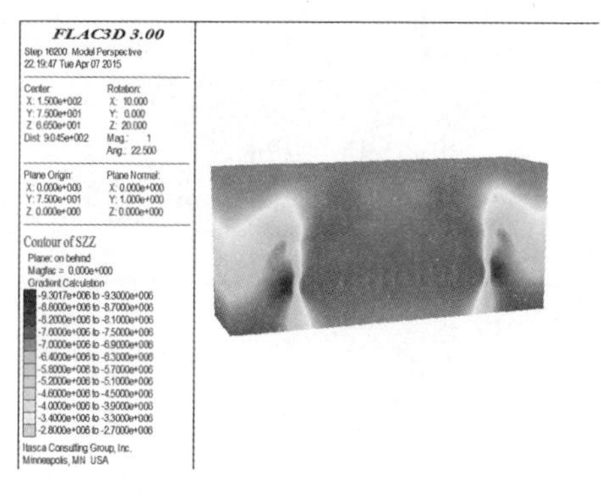


(b)充填体弹性模量 0.5 GPa

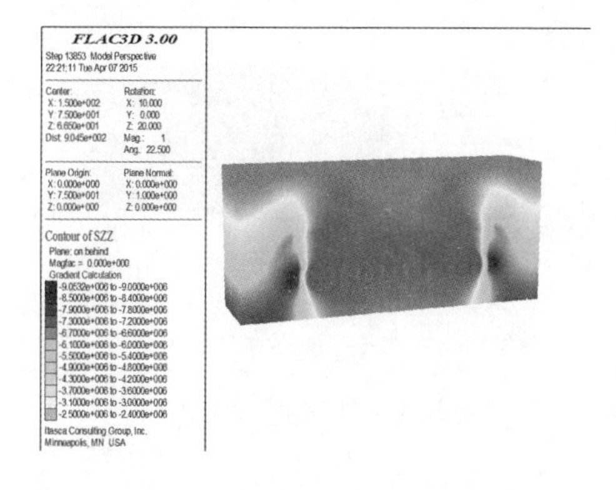


(c)充填体弹性模量 1 GPa

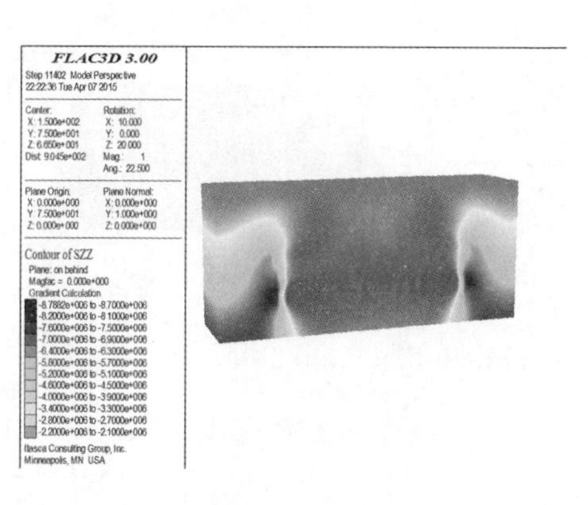


(d)充填体弹性模量 1.5 GPa

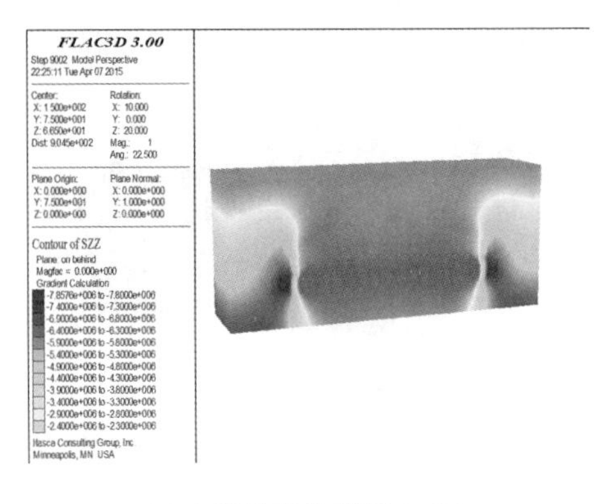


(e)充填体弹性模量 2 GPa

图 5.22 不同充填体弹性模量下覆岩垂直应力云图

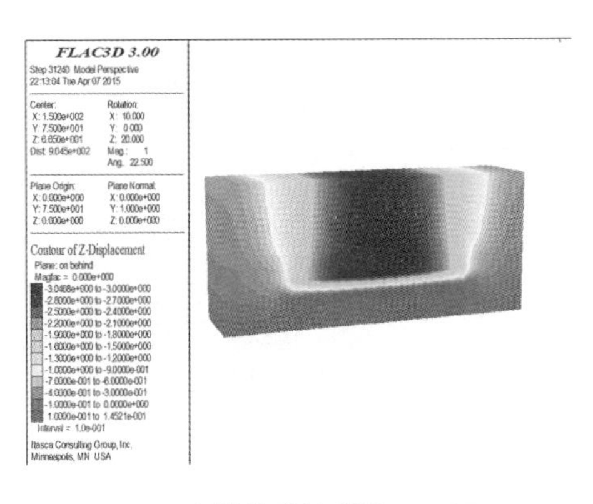


(a)充填体弹性模量 0.1 GPa

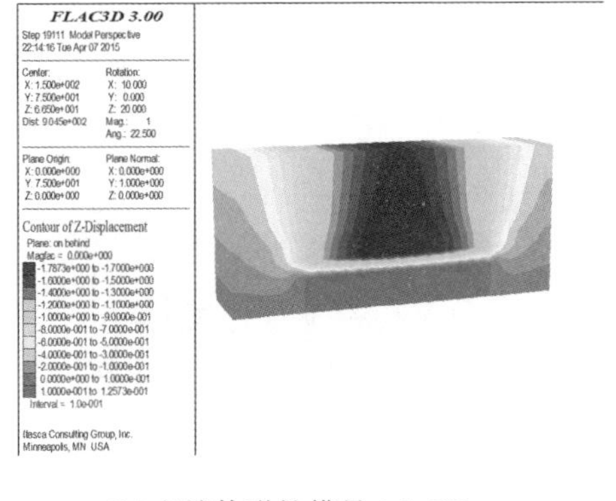


(b)充填体弹性模量 0.5 GPa

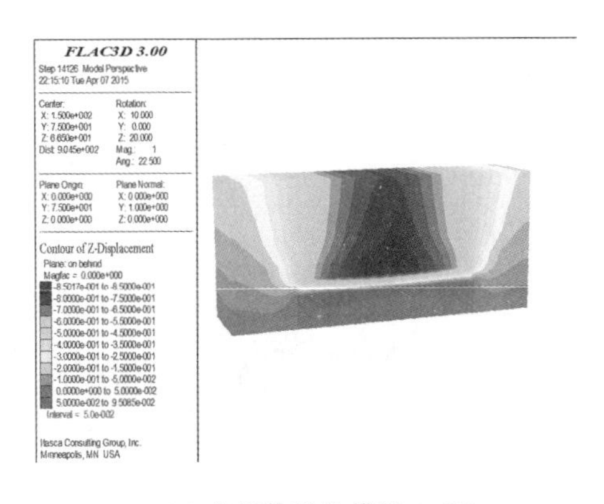


(c)充填体弹性模量 1 GPa

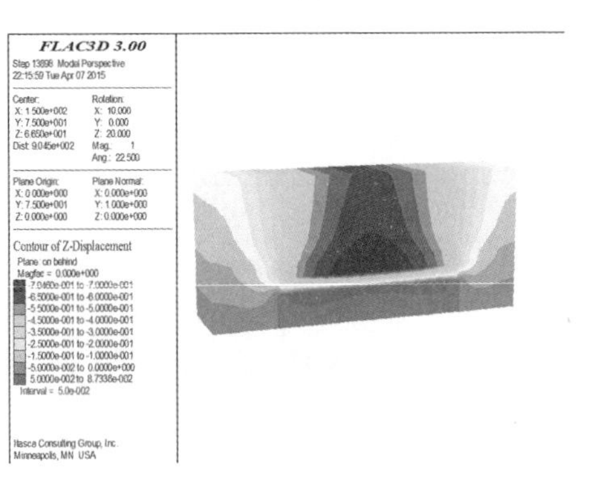


(d)充填体弹性模量 1.5 GPa

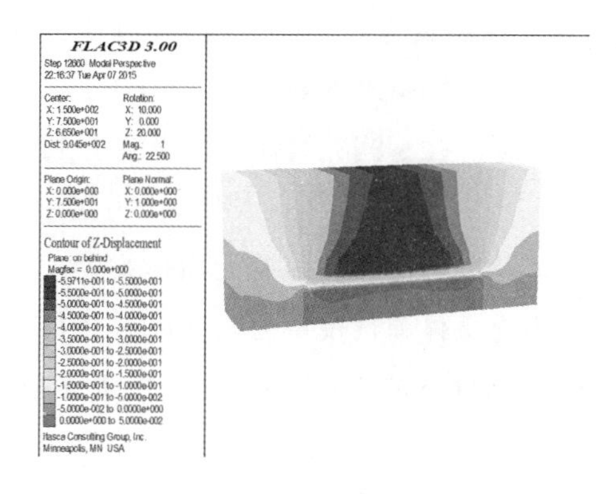


(e)充填体弹性模量 2 GPa

图 5.23 不同充填体弹性模量下覆岩垂直位移云图

由图 5.20 及图 5.21 可以分析得出：

(1)随着充填体弹性模量的增加，最大主应力峰值明显降低，充填体弹性模量由 0.1 GPa 增加到 1 GPa，充填体上方覆岩最大主应力位置由覆岩层号为 7 的砂质泥岩中部落到覆岩层号为 7 的砂质泥岩底部。这是由于弹性模量增大后，顶板岩层在充填体支撑下受采动影响较小，同时岩层的拉应力变化范围也显著降低。

(2)当充填体弹性模量由 0.1 GPa 增加到 1 GPa 时，塑性区破坏高度及范围明显降低，降低幅度随充填体弹性模量的增加而增大。当充填体弹性模量为 0.1 GPa 时，导水裂隙带的高度为 45 m，导水裂隙发展到覆岩层号为 7 的砂砾岩中部。当充填体弹性模量为 0.5 GPa 时，导水裂隙带高度降为 34 m，导水裂隙发展到覆岩层号为 6 的薄煤层顶部。当充填体弹性模量为 1 GPa 时，导水裂隙带高度进一步降低，导水裂隙带发展到覆岩层号为 9 的砂质泥岩中上部，高度为 26 m。当充填体弹性模量达到 1.5 GPa 时，导水裂隙带的高度为 22 m，导水裂隙带降至覆岩层号为 9 的砂质泥岩的底部。当充填体弹性模量提高至 2 GPa 时，导水裂隙带的高度为 20 m，导水裂隙带的高度仅降低了 2 m。导水裂隙带的高度从充填体弹性模量为 0.1 GPa 时的 45 m 减小到充填体弹性模量为 1 GPa时的 26 m，降幅达到 42.2%，降幅随充填体弹性模量的增加而增加；当充填体弹性模量由1 GPa增加至 2 GPa 时，导水裂隙带的高度由 26 m 降低至 20 m，降幅仅为 23%，降幅随充填体弹性模量的增加而降低。

由图 5.22、图 5.23 分析得出：随着充填体弹性模量的增加，应力峰值逐渐降低。当充填体弹性模量为 0.1 GPa 时，垂直应力峰值为 9.43 MPa，应力集中系数为2.52。当充填体弹性模量为0.5 GPa时,垂直应力峰值为9.3 MPa,应力集中系数为2.48。当充填体弹性模量为1 GPa时,垂直应力峰值为9.05 MPa,应力集中系数为2.42。当充填体弹性模量由1.5 GPa增加到2 GPa时,垂直应力峰值也由8.78 MPa降到7.86 MPa,应力集中系数由2.34减小到2.1。可以看出,应力峰值及覆岩位移均随着充填体弹性模量的增加而减小,覆岩层主关键层垂直位移由充填体弹性模量为0.1 GPa条件下的3.05 m降低至充填体弹性模量为2 GPa条件下的0.56 m。这是由于在采厚及充填率一定的条件下,随着充填体弹性模量的增加,充填体的压缩量降低,在一定程度上限制了覆岩层的移动,使导水裂隙带高度随之降低。

不同充填体弹性模量下导水裂隙带高度最大值如表5.4所示。

**表5.4　不同充填体弹性模量下导水裂隙带高度最大值**

| 模拟方案 | 充填体弹性模量/GPa | 采厚/m | 充填率/% | 走向长度/m | 倾向长度/m | 导水裂隙带最大高度/m |
|---|---|---|---|---|---|---|
| 3-1 | 0.1 | 15 | 90 | 180 | 90 | 45 |
| 3-2 | 0.5 | 15 | 90 | 180 | 90 | 34 |
| 3-3 | 1 | 15 | 90 | 180 | 90 | 26 |
| 3-4 | 1.5 | 15 | 90 | 180 | 90 | 22 |
| 3-5 | 2 | 15 | 90 | 180 | 90 | 20 |

随充填体弹性模量的变化,导水裂隙带高度变化曲线如图5.24所示。

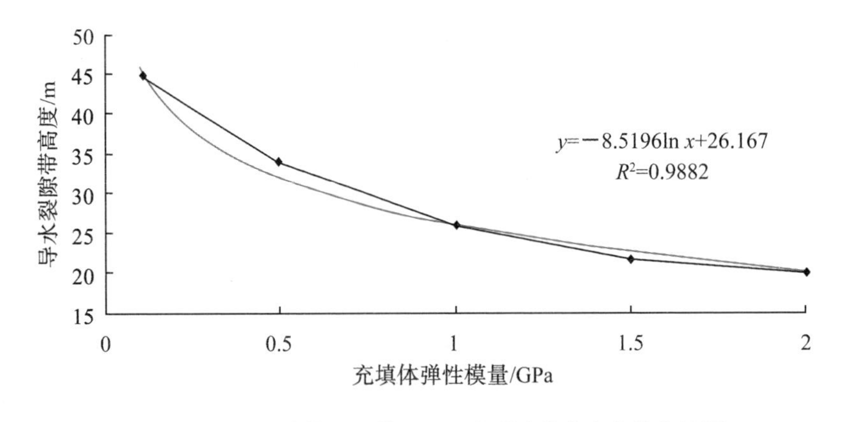


图5.24　不同充填体弹性模量下导水裂隙带高度变化曲线图

由图 5.24 可以看出：

(1)当充填体弹性模量从 0.1 GPa 提高到 1 GPa 时，导水裂隙带减小幅度较大，巷式充填开采能较好地抑制导水裂隙带的发育，控制覆岩破坏高度。这是由于在此区间充填体受上覆岩层荷载作用有一定的压缩量，顶板岩层产生弯曲，当压缩量超过岩层挠度时，岩层就会断裂破坏，导水裂隙带继续向上发育。

(2)当充填弹性模量从 1 GPa 提高到 2 GPa 时，导水裂隙带降低幅度较小，即巷式充填开采控制裂隙发育效果不明显。

(3)当充填体弹性模量在 0.1～1 GPa 区间内时，提高充填体的弹性模量能显著控制覆岩破坏，抑制导水裂隙带的发育。

综上所述，充填体弹性模量对控制导水裂隙带高度变化起着重要作用，应根据开采需要及经济因素确定合理的充填体弹性模量，即在一定范围内增强充填材料的抗压性能可以有效地减小导水裂隙带发育高度。通过回归分析，得到充填体弹性模量与导水裂隙带高度之间的关系式为：

$$y=-8.5196\ln x+26.167,\ R^2=0.9882 \tag{5.6}$$

式中，$y$——导水裂隙带高度，m；

$x$——充填体弹性模量，GPa；

$R$——相关系数。

通过对巷式充填开采覆岩移动及导水裂隙带发育高度主要影响因素数值模拟的研究分析，可以看出采厚、充填率、充填体弹性模量对于控制覆岩移动及覆岩破坏高度有着重要的作用。

(1)采厚。采厚越大，开采后留有的自由空间越大，当充填体的充填率及弹性模量一定时，覆岩垂直位移及导水裂隙带发育高度随采厚增大而增加。

(2)充填率。充填率越大，充填后留有的自由空间就越小，覆岩移动及覆岩破坏的控制效果越好。相反，当充填率降低时，自由空间增大，覆岩移动及覆岩破坏程度增加。当充填率为 0 时，变为垮落法开采。

(3)充填体弹性模量。在一定范围内，充填体弹性模量对控制覆岩移动及导水裂隙带高度变化起着重要作用。覆岩破坏高度随充填体弹性模量的提高而降低。因此，应根据开采需要及经济因素确定合理的充填体弹性模量。

## 5.4 公格营子矿巷式充填开采覆岩导水裂隙带的高度分析

对于公格营子矿实施的巷式充填开采，在实际 90% 充填率的条件下，对 15 m厚 6 煤层采用自下而上分层的巷式充填开采方法，分层厚 3 m，充填巷宽 4 m，护巷柱体宽 8 m。在前文建立的数值模型的基础上，根据不同采厚条件下巷式充填开采覆岩导水裂隙带的发育高度的数值模拟及结果可以看出，随着充填层数的增加，导水裂隙带高度从充填开采一个分层的 12 m，增加到充填开采五个分层的 33 m，导水裂隙带高度随分层充填累计采厚的变化曲线如图 5.25 所示。煤层顶板距离含水层底板 111 m，远大于巷式充填开采五个分层的导水裂隙带高度 33 m，因此，6 煤层全部巷式充填开采后的导水裂隙带不会波及含水层。对 6 煤进行巷式充填分层开采后，充填体可以及时支撑采空区围岩，阻止和抵抗围岩的进一步变形和破坏，有效抑制导水裂隙带的发育。

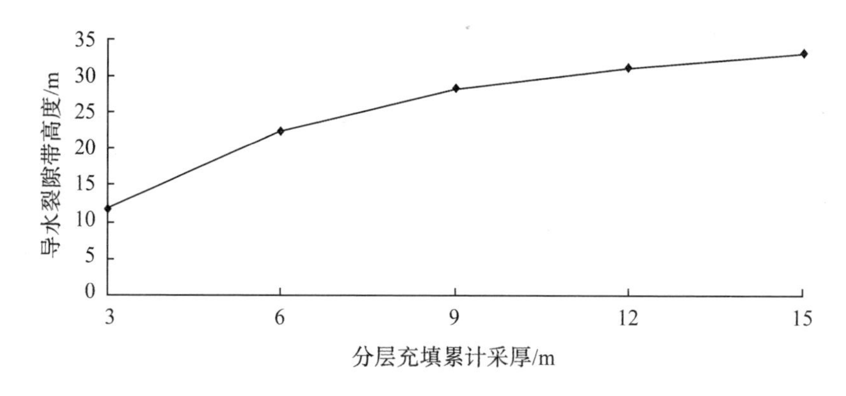


图 5.25 导水裂隙带高度随分层充填累计采厚的变化曲线

## 5.5 本章小结

本章通过 $FLAC^{3D}$ 进行数值模拟，分别对垮落法开采和巷式充填开采模型导水裂隙带发育规律进行了分析，更好地说明了巷式充填开采较垮落法开采能更有效地抑制导水裂隙带的发育。其次分别模拟了不同采高、充填率及充填体弹性模量下巷式充填开采导水裂隙带的发育规律，并得到了以下结论。

(1)随着采厚的增加，两种开采方法导水裂隙带高度变化都是先增加后趋于稳定，呈现出非线性关系。但在同一采厚条件下，巷式充填开采相对垮落法开采导水裂隙带高度明显减小，最大减小了 37 m，最大减小幅度为 71.1%，说明巷式充填开采控制覆岩破坏效果明显。

(2)对于巷式充填开采，随着采厚的增大，应力值逐渐增加。当采厚为 3 m、6 m、9 m、12 m、15 m 时，覆岩导水裂隙带高度分别为 13 m、22 m、28 m、31 m 及 33 m，覆岩破坏塑性区高度、覆岩垂直应力及垂直位移均随采厚的增加而增大。通过回归分析得出了巷式充填开采覆岩导水裂隙带高度与采厚的关系式。

(3)随着充填率的增加，最大主应力值逐渐降低，覆岩破坏高度随之降低。当充填率由 80%增加到 99%时，覆岩破坏高度由 41 m 降低到 16 m。覆岩破坏高度、覆岩垂直应力及垂直位移均随充填率的增大而减小。通过回归分析得出了巷式充填开采覆岩导水裂隙带高度与充填率的关系式。

(4)随着充填体弹性模量的增加，最大主应力峰值明显降低，当充填体弹性模量由 0.1 GPa 增加到 1 GPa 时，塑性区破坏高度及范围明显降低。导水裂隙带的高度从充填体弹性模量为 0.1 GPa 时的 45 m 减小到充填体弹性模量为 1 GPa时的 26 m，降幅达到了 42%；当充填弹性模量从 1 GPa 提高到 2 GPa 时，导水裂隙带降低幅度较小，巷式充填开采控制导水裂隙带发育的效果不明显。覆岩破坏高度、覆岩垂直应力及垂直位移均随充填体弹性模量的增大而减小。通过回归分析得出了巷式充填开采覆岩导水裂隙带高度与充填体弹性模量的关系式。

(5)对公格营子矿 15 m 煤层进行巷式充填分层开采时，当由充填开采一个分层增加到五个分层时，导水裂隙带的高度也由 13 m 增加到 33 m，并且随着充填开采层数的增加，覆岩垂直位移逐步变大。煤层顶板距离含水层底板111 m，远大于导水裂隙带的高度 33 m，因此，导水裂隙带发育不会波及含水层。

# 第六章　工程应用

本章介绍了公格营子矿的基本概况，包括井田概况、地质及煤层条件还有水文地质条件；结合前文分析对公格营子矿巷式充填开采充填巷的掘进充填顺序进行了设计，给出了工作面的具体布置方式；确定了公格营子矿安全防水煤岩柱的高度，并对巷式充填采动对地表村庄的影响进行了预计分析；最后进行了技术效果及效益分析，分析结果表明公格营子矿采用巷式充填开采方法，可以在安全有效地采出强含水层下煤炭资源、抑制井下用水量的同时，较好地控制地表沉降，在保证企业盈利的同时，还可以保护自然环境，实现煤矿的绿色开采。

## 6.1　井田概况

公格营子矿位于赤峰市元宝山区美丽河镇公格营子村北部。矿井的井田范围为东至煤层露头和F1断层，西至F3断层，南至公格营子村保护煤柱线，北至第二和第三勘探线之间，南北长700 m，东西宽600 m，占地面积0.42 $km^2$。

矿井地质储量1278.59万吨，可采储量501万吨，设计生产能力30万吨/年，矿井开拓方式为竖井单水平开拓，属于井工开采。

矿区范围内地表较为平坦，标高在＋488.12～＋491.48 m之间，第四系表土厚为4～6 m，下覆为第四系冲洪积砂层，厚度为20～23 m的强含水层为孔隙含水层，是该矿的主要含水层。砂层岩石的平均标高为＋460～＋466 m，含煤地层为侏罗系含煤地层，主采煤层为6煤。6煤平均厚度为15 m，属特厚煤层，煤层倾角5°～14°。煤层顶板以砂砾岩为主，夹着砂岩，局部有矿页岩，属中硬岩石，没有较好的和较完整的泥岩隔水层，岩石裂隙较发育，裂隙有导水性。

由于该井田距老哈河 2.5 km，河床底部为含水砂层，覆盖于煤系地层上部，矿区范围内含水砂层接受老哈河的水力补给，故属于孔隙强含水层。矿区区域内呈现两侧高、中间低的山前倾斜冲积面平原地貌特征，老哈河由南向北从矿区东部流过，地下水成因类型为第四系孔隙含水岩组和侏罗系上统基岩裂隙含水岩组。根据《水文地质研究报告》预计，地下水单位涌水量推算为 3000～5000 $m^3/d$，水质为重碳酸钙型，矿化度为 0.28～0.89 g/L，水文地质条件较为复杂，给地下煤炭开采造成了很大的困难和安全隐患。

## 6.2　煤层及水文地质条件

### 6.2.1　煤层特征

#### 6.2.1.1　含煤地层特性

含煤层主要岩性如下：

(1)砂岩：灰及灰白色，中粒至粗粒，其主要成分为石英、玉石、黏土质及泥质胶结，也有凝灰质胶结，厚层状，层理不清，分选性较差，颗粒大小不均，岩相变化较大。

(2)泥岩：灰及灰褐色，黏土质为主。

(3)砂砾岩：多为灰白色，成分以石英、砾石为主，分选性差，凝灰质及黏土质胶结多呈厚层状。

总之全区岩相变化较大，层理较清，煤层在区域内相对较稳定，具一定的分布规律。

#### 6.2.1.2　煤层赋存情况

该区见 5、6 煤层，分布全区。

5 煤层：赋存面积小，在村庄内分布不均，不作为该区的主要煤层，其顶、底板为砂砾岩，局部为页岩。

6-1 煤层：全区分布，赋存稳定，最大厚度为 15.23 m，最小厚度为 1.31 m，平均厚度为 5.23 m，局部地区存在小的分层，顶、底板岩性多为砂砾岩及砂岩。

6-2 煤层：该层为该区厚度最大的煤层，最大厚度为 27.82 m，最小厚度为 2.9 m，平均厚度为 12.5 m，内有小的分层，顶板岩性多为砂岩，局部页岩。

#### 6.2.1.3 倾角及间距

矿区倾角比较小，一般为 5°～14°，由于地层为褶皱构造，加上区内断层的影响，煤层倾角局部变化比较大，但范围不大。

煤层间距：6-1 煤层与 6-2 煤层最小间距为 4 m，最大间距为 10 m，一般为 5～8 m。

### 6.2.2 水文地质条件

#### 6.2.2.1 含水层特征

该区内主要有两个含水层，即第四系冲、洪积孔隙水潜水含水层和侏罗系上统孔隙、裂隙承压含水层，现分述如下。

(1)第四系冲、洪积孔隙潜水层含水层。本层主要由砂砾、砾砂和粗砂岩、中砂岩、细砂岩组成，岩石松散，局部夹薄层亚黏土、黏土透镜体，潜水位埋深 2～18 m，含水层平均厚 20 m，据以往的勘探及水文地质调查资料，单位涌水量为 3.19～15.05 L/s·m。渗透系数为 17.33～97.70 m/d，本层为强含水层，是区内主要含水层，对下部煤层开采的影响很大。

(2)侏罗系上统孔隙、裂隙承压含水层。该层主要分布于第四系地层底部，由细砂岩、中砂岩、粗砂岩和砂砾岩组成，为钙质胶结，局部裂隙发育。据抽水试验结果，单位涌水量为 0.0032～0.195 L/s·m，渗透系数为 0.00151～0.0794 m/d，从水文地质系数上看，该区为富水性较强的含水层。但从古山立井开拓试验结果来看，该区涌水量较大，特别是掘进到断层带外时，有突水现象，第四系潜水通过露天和断层带补给本含水层。另据古山立井开拓试验结果，该区内的煤层有相对隔水作用，其他砂岩、砂砾岩层将发生不同程度的导水和透水现象。

(3)隔水层。区内煤系地层没有明显的隔水层。

#### 6.2.2.2 矿井充水条件分析

第四系冲、洪积砾石孔隙水与煤系基岩及煤系呈角度不整合接触，由于没有良好的隔水层，孔隙水直接补给基岩及煤层，是本矿井的主要充水水源。

(1)煤层及其围岩中的裂隙水。煤层及其围岩在该区呈层状或带状分布，含水性及富水性分布不均，这与岩性、裂隙有关。岩性硬度越大，受地质应力作用产生的裂隙就越长，宽度也就越大，涌水量也很大，反之越小。由于煤层脆性大，节、层理发育，受地质应力作用，局部地段的破碎带富存裂隙水，是矿井的直接充水水源。

(2)地表水矿区东部 2.5～3.0 km 的老哈河在丰水期雨季直接补给该区第四系含水层，是矿井的间接补给水源。

(3)钻孔水。矿区内封孔不良的钻孔可直接导通第四系含水层，开采揭露时将造成涌水，是矿井的直接充水水源。

(4)大气降水及农灌水。矿区内地势平坦，大气降水及农灌水垂直渗入补给第四系含水层，是矿井的间接充水水源。

(5)断层水。矿井断层主要为 F1 和 F3 边界断层，均为压扭性断层，断层富水性弱，但断层两侧坚硬的砂岩和砂砾岩裂隙发育且与断层走向平行并呈带状分布，矿井开拓过程中实见裂隙富水性强，采动后这些裂隙水是矿井的直接充水水源。

## 6.3　巷式充填采煤工作面布置

根据前文的理论分析及护巷柱体稳定性的计算，结合矿井地质生产资料以及充填施工实践，确定前后两条巷道间的护巷煤柱(充填体)宽度为 8 m，工作面走向长度为 360 m，倾向长度为 150 m，具体布置如图 6.2 所示。巷式充填开采共有 3 个循环，充填巷掘进从开切眼一侧开始，朝着材料下山一侧进行，充填巷间依次间隔 8 m 煤柱，逐次掘巷充填，至终采线完成第一次循环。其后第二、三次循环依次对巷间护巷煤柱进行开采，并完成充填。巷式充填工作面布置示意图如图 6.1 所示。

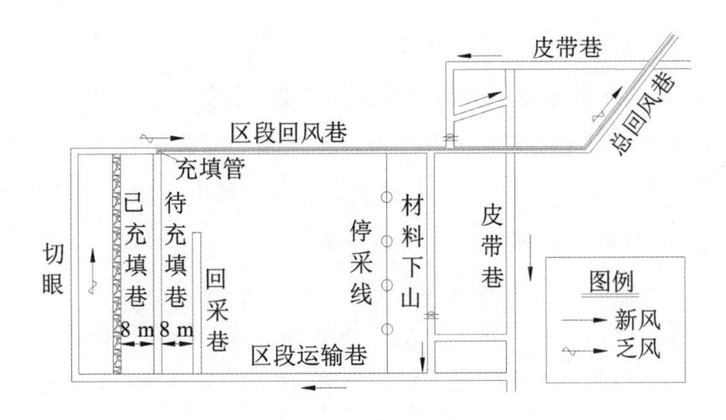


图 6.1　巷式充填工作面布置示意图

## 6.4 巷式充填开采对上覆强含水层及地表村庄的影响分析

### 6.4.1 巷式充填开采对上覆强含水层的影响分析

#### 6.4.1.1 公格营子矿强含水层下采煤安全煤岩柱的留设方法

根据《建筑物、水体、铁路及主要井巷煤柱留设与压煤开采规范》，结合公格营子矿采矿地质条件，进行强含水层下巷式充填开采需留设防水安全煤岩柱。

由于公格营子矿松散层为强含水层，而且与基岩直接接触，而基岩风化带亦含有水，则应考虑基岩风化带深度（$H_{fe}$），如图 6.2 所示。此时，防水安全煤岩柱垂高（$H_{sh}$）应不小于导水裂隙带的最大高度（$H_{li}$）加上保护层厚度（$H_b$）及基岩风化带深度（$H_{fe}$），即 $H_{sh} \geqslant H_{li} + H_b + H_{fe}$。

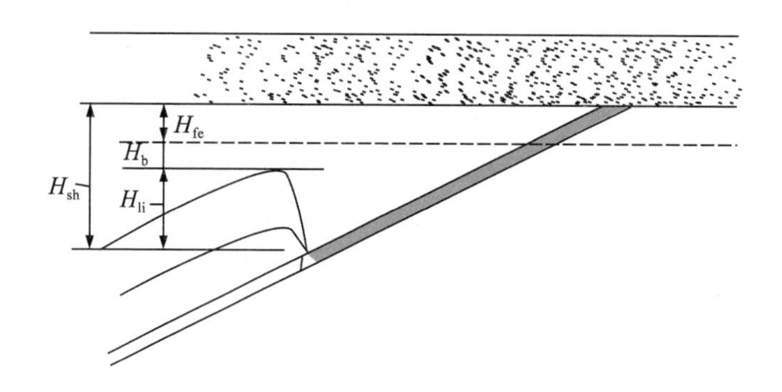


图 6.2 基岩风化带含水时的防水煤岩柱

#### 6.4.1.2 防水安全煤岩柱高度的确定

(1)巷式充填开采覆岩导水裂隙带发育高度的计算方法：

根据前文所述对于巷式充填开采覆岩导水裂隙带发育高度的分析，覆岩导水裂隙带高度的计算方法主要有：①基于力学分析的巷式充填导水裂隙带高度计算方法；②基于等价采高的巷式充填导水裂隙带高度的经验公式计算方法；③基于数值模拟的巷式充填导水裂隙带高度计算方法。

为了能更好地预测巷式充填开采条件下导水裂隙带高度的发育情况，采用以上三种方法分别进行计算并进行对比分析，计算结果如表 6.1 所示。

表 6.1　公格营子矿巷式充填开采导水裂隙带高度计算

| 采厚/m | 充填率/% | 充填体弹性模量/MPa | 导水裂隙带高度/m | | |
|---|---|---|---|---|---|
| | | | 力学分析 | 经验公式 | 数值模拟 |
| 15 | 90 | 680 | 32.5 | 34.5 | 33 |

从表 6.1 中可以看出，按经验公式计算的导水裂隙带高度最大，应用力学分析及数值模拟得出的导水裂隙带高度均小于经验公式的结果。这是因为经验公式基于等价采高原理，而等价采高原理是将巷式充填开采过程中所压缩的自由空间高度等效成薄煤层垮落法开采的高度，上覆岩层弯曲、断裂、垮落，裂隙发育较充分，这与巷式充填开采过程中顶板岩层的缓慢下沉不相符。因此根据经验公式得出的导水裂隙带高度偏保守。

综上所述，公格营子矿巷式充填开采的导水裂隙带高度确定为 33 m。

(2)保护层厚度：

①保护层厚度计算公式。保护层厚度可根据有无松散层及其中黏性土层厚度按表 6.2 选取。

表 6.2　保护层厚度　　单位：m

| 覆岩岩性 | 松散层底部黏土层厚度大于累计采厚 | 松散层底部黏土层厚度小于累计采厚 | 松散层全厚小于累计采厚 | 松散层底部无黏性土层 |
|---|---|---|---|---|
| 坚硬 | $4A$ | $5A$ | $6A$ | $7A$ |
| 中硬 | $3A$ | $4A$ | $5A$ | $6A$ |
| 软弱 | $2A$ | $3A$ | $4A$ | $5A$ |
| 极软弱 | $2A$ | $2A$ | $3A$ | $4A$ |

注：$A=\frac{\sum M}{n}$；$\sum M$ 为累计采厚；$n$ 为分层层数 。

②保护层厚度计算公式选取及计算。公格营子矿煤层顶板为砂砾岩、夹砂岩，属中硬岩，无较好的隔水层。据此选取覆岩岩性为中硬岩、松散层底部无黏性土层的保护层计算公式，即 $H_b=6A=1.8$ m。

③防水安全煤岩柱高度。公格营子矿的松散孔隙强含水层直接与基岩接

触，而基岩风化带亦含水，则应考虑基岩风化带深度($H_{fe}$)，基岩风化带的深度为3～5 m，从安全角度出发，基岩风化带深度按5 m考虑。根据导水裂缝带高度、保护层厚度及基岩风化带深度，可以得到需要的防水安全煤岩柱厚度，具体如表6.3所示。

根据表6.3中的计算结果，对比含水层底板到煤层顶板的距离，可以看出煤岩柱的厚度大于需要的防水煤岩柱厚度，因此公格营子矿强含水层下分层巷式充填开采是安全可行的。

**表6.3 防水安全煤岩柱厚度计算值** 单位：m

| 导水裂隙带高度 | 保护层厚度 | 基岩风化带厚度 | 需要的防水安全煤岩柱厚度 | 含水层底板到煤层顶板距离 |
|---|---|---|---|---|
| 33 | 1.8 | 5 | 39.8 | 111 |

### 6.4.2 巷式充填采动沉陷对地表的影响分析

由于公格营子矿区西南部有公格营子村，村边界到矿边界的最近距离约80 m，村庄建筑多为砖混结构的平房，地面标高＋488.1～＋491.5 m。公格营子矿在进行含水层下巷式充填开采的同时，还要进行建筑物下充填采煤。因此，不仅要保证公格营子矿强含水层下的安全开采，而且要保证不对地表建筑物造成损害，或者使地表建筑物的损害较小，在进行简单修理后仍可正常使用。为分析巷式充填开采对地表的影响，需要对巷式充填开采后地表的沉陷规律进行研究，对地表的移动变形进行预计分析。

#### 6.4.2.1 预计方法和参数的确定

(1)预计方法：

预计地表移动与变形的方法有概率积分法、典型曲线法、负指数函数法、数值计算法(有限元法、边界元法、有限差分法和离散元法)、物理模型模拟法(相似材料模型法)等。在我国应用广泛且较为成熟的预计方法是以随机介质理论为基础的用概率积分式表示地表移动变形的方法，适用于常规地表移动变形值的计算。

巷式充填开采地表移动参数是地表移动和变形预计时的关键性参数，其取值的准确性直接影响地表移动和变形预计结果的精度。因此，巷式充填开采地表移动与变形预计参数的准确选取对提高预计精度至关重要。在分析开采实测资料的基础上，对巷式充填开采地表移动与变形预计参数选取及其与地质采矿条件的关系进行研究后，决定采用概率积分法对巷式充填开采引起的地表移动和变形进行预计，其计算公式如下：

①下沉：

$$W(x,y)=W_{cm}\cdot\iint_D\frac{1}{r^2}e^{-\frac{\pi}{r^2}[(\eta-x)^2+(\zeta-y)^2]}\cdot d\eta\cdot d\zeta \tag{6.1}$$

②倾斜：

$$i_x(x,y)=W_{cm}\cdot\iint_D\frac{2\cdot\pi\cdot(\eta-x)}{r^4}\cdot e^{-\pi\frac{(\eta-x)^2+(\zeta-y)^2}{r^2}}\cdot d\eta\cdot d\zeta \tag{6.2}$$

$$i_y(x,y)=W_{cm}\cdot\iint_D\frac{2\cdot\pi\cdot(\zeta-y)}{r^4}\cdot e^{-\pi\frac{(\eta-x)^2+(\zeta-y)^2}{r^2}}\cdot d\eta\cdot d\zeta \tag{6.3}$$

③曲率：

$$K_x(x,y)=W_{cm}\cdot\iint_D\frac{2\cdot\pi}{r^4}\cdot\left[\frac{2\cdot\pi\cdot(\eta-x)^2}{r^2}-1\right]\cdot e^{-\pi\frac{(\eta-x)^2+(\zeta-y)^2}{r^2}}\cdot d\eta\cdot d\zeta \tag{6.4}$$

$$K_y(x,y)=W_{cm}\cdot\iint_D\frac{2\cdot\pi}{r^4}\cdot\left[\frac{2\cdot\pi\cdot(\eta-y)^2}{r^2}-1\right]\cdot e^{-\pi\frac{(\eta-x)^2+(\zeta-y)^2}{r^2}}\cdot d\eta\cdot d\zeta \tag{6.5}$$

④水平移动：

$$U_x(x,y)=U_{cm}\cdot\iint_D\frac{2\cdot\pi\cdot(\eta-x)}{r^3}\cdot e^{-\pi\frac{(\eta-x)^2+(\zeta-y)^2}{r^2}}\cdot d\eta\cdot d\zeta \tag{6.6}$$

$$U_y(x,y)=U_{cm}\cdot\iint_D\frac{2\cdot\pi\cdot(\zeta-y)}{r^3}\cdot e^{-\pi\frac{(\eta-x)^2+(\zeta-y)^2}{r^2}}\cdot d\eta\cdot d\zeta \tag{6.7}$$

⑤水平变形：

$$\varepsilon_x(x,y)=U_{cm}\cdot\iint_D\frac{2\cdot\pi}{r^3}\cdot\left[\frac{2\cdot\pi\cdot(\eta-x)^2}{r^2}-1\right]\cdot e^{-\pi\frac{(\eta-x)^2+(\zeta-y)^2}{r^2}}\cdot d\eta\cdot d\zeta \tag{6.8}$$

$$\varepsilon_y(x,y)=U_{cm}\cdot\iint_D\frac{2\cdot\pi}{r^3}\cdot\left[\frac{2\cdot\pi\cdot(\zeta-y)^2}{r^2}-1\right]\cdot e^{-\pi\frac{(\eta-x)^2+(\zeta-y)^2}{r^2}}\cdot d\eta\cdot d\zeta+i_y(x,y)\cdot\cot\theta_0 \tag{6.9}$$

式中，$W_{cm}$——地表充分采动的最大下沉值，$W_{cm}=m\cdot q\cos\alpha$，$m$ 为采厚，$q$ 为下

沉系数，$\alpha$ 为煤层倾角；

$U_{cm}$——地表充分采动的最大水平移动值，$U_{cm}=b\cdot W_{cm}$，$b$ 为水平移动系数；

$r$——主要影响半径，$r=\dfrac{H}{\tan\beta}$，$\tan\beta$ 为主要影响角的正切，$H$ 为开采深度；

$\theta_0$——主要影响传播角；

$D$——开采区域。

(2)预计参数：

为了控制地表的移动与变形，保护地表建筑物和土地资源，使地表移动与变形控制在一定的范围内，不影响地表建筑物的使用，公格营子矿采用似膏体泵送充填开采法开采，从而最大限度地减小或控制采动引起的地表移动变形，达到保护地表建筑物的目的。

由于地表建筑物本身具有一定的抵抗变形能力，只需将地表变形值控制在允许范围内，就能保证建筑物的安全使用。根据公格营子矿提供的充填技术数据和矿井地质资料，考虑本矿井的煤层赋存条件，垮落法开采对应的地表下沉系数 $q$ 为 0.78。因此，当实际充填率为 90%时，仅考虑充填率，则地表下沉系数 $q=(1-90\%)\times0.78=0.078$。

由于厚煤层分层开采的重复采动加剧了岩层与地表的移动变形值，重复采动时，下沉活化系数 $a$ 的变化如表 6.4 所示。下沉系数计算式为：

$$q_{复1}=(1+a)q \tag{6.10}$$

$$q_{复i+1}=(1+a)q_{复i},\ i=1,2,3\cdots\cdots \tag{6.11}$$

式中，$q$，$q_{复1}$，$q_{复i}$——初采、第一次重采、第 $i$ 次重采的下沉系数。

**表 6.4　按覆岩性质区分的重复采动下沉活化系数 $a$**

| 岩性 | 一次重采 | 二次重采 | 三次重采 | 四次及四次以上重采 |
|---|---|---|---|---|
| 坚硬 | 0.15 | 0.20 | 0.10 | 0 |
| 中硬 | 0.20 | 0.10 | 0.05 | 0 |

公格营子矿覆岩中硬，下沉活化系数 $a$ 按表 6.4 中硬岩性进行取值。根据公格营子矿提供的充填技术数据和矿井地质资料，考虑本矿井的煤层赋存条件，公格营子矿地表移动变形预计基本参数如表 6.5 所示。

**表 6.5　地表移动变形预计基本参数**

| 充填率 | 开采方法 | 煤厚/m | 分层煤厚 | $q$ | $b$ | $k$① | $\tan\beta$ |
|---|---|---|---|---|---|---|---|
| 90% | 分层充填开采 | 15 | 3.0 | 0.078 | 0.3 | 0.6 | 2.0 |

① 表中 $k$ 不是曲率，是和岩性有关的参数。

6.4.2.2　建筑物受损级别标准的确定

建筑物受开采影响的损坏程度取决于地表变形值的大小和建筑物本身抵抗采动影响的能力。根据《建筑物、水体、铁路及主要井巷煤柱留设与压煤开采规范》，我国砖混结构建筑物损坏等级如表 6.6 所示。

**表 6.6　砖混结构建筑物损坏等级**

<table>
<tr><th rowspan="2">损坏等级</th><th rowspan="2">建筑物损坏程度</th><th rowspan="2">损坏分类</th><th colspan="3">地表变形</th><th rowspan="2">结构处理</th></tr>
<tr><th>水平变形<br>ε /(mm/m)</th><th>曲率<br>k /(10⁻³/m)</th><th>倾斜<br>i/(mm/m)</th></tr>
<tr><td rowspan="2">Ⅰ</td><td>自然间砖墙上出现宽度 1～2 mm的裂缝</td><td>极轻微损坏</td><td rowspan="2">≤2. 0</td><td rowspan="2">≤0. 2</td><td rowspan="2">≤3. 0</td><td>不修</td></tr>
<tr><td>自然间砖墙上出现宽度小于 4 mm 的裂缝，多条裂缝的总宽度小于 10 mm</td><td>轻微损坏</td><td>简单维修</td></tr>
<tr><td>Ⅱ</td><td>自然间砖墙上出现宽度小于 15 mm 的裂缝；多条裂缝总宽度小于 30 mm；钢筋混凝土梁、柱上裂缝长度小于 1/3 截面高度；梁端抽出小于 20 mm；砖柱上出现缝长大于 1/2 截面边长的水平裂缝；门窗略有歪斜</td><td>轻度损坏</td><td>≤4. 0</td><td>≤0. 4</td><td>≤6. 0</td><td>小修</td></tr>
</table>

续表

| 损坏等级 | 建筑物损坏程度 | 损坏分类 | 地表变形 | | | 结构处理 |
|---|---|---|---|---|---|---|
| | | | 水平变形 $\varepsilon$ /(mm/m) | 曲率 $k$ /($10^{-3}$/m) | 倾斜 $i$/(mm/m) | |
| Ⅲ | 自然间砖墙上出现宽度小于 30 mm 的裂缝；多条裂缝总宽度小于 50 mm；钢筋混凝土梁、柱上裂缝长度小于 1/2 截面高度；梁端抽出小于 50 mm；砖柱上出现小于 5 mm 的水平错动；门窗严重变形 | 中度损坏 | ≤6.0 | ≤0.6 | ≤10.0 | 中修 |
| Ⅳ | 自然间砖墙上出现宽度大于 30 mm 的裂缝；多条裂缝总宽度大于 50 mm；梁端抽出小于 60 mm；砖柱上出现小于 25 mm 的水平错动 | 严重损坏 | >6.0 | >0.6 | >10.0 | 大修 |
| | 自然间砖墙上出现严重交叉裂缝、上下贯通裂缝，以及墙体严重外鼓、歪斜；钢筋混凝土梁、柱裂缝沿截面贯通；梁端抽出大于 60 mm；砖柱上出现大于 25 mm 的水平错动；有倒塌的危险 | 极严重损坏 | | | | 拆建 |

对建筑物有无危害的标准是以临界变形值来衡量的，目前我国采用的建筑物临界变形值是水平变形 2 mm/m、曲率变形 0.2 mm/m$^2$ 及倾斜 3 mm/m，即采动引起的地表变形不超过建筑物临界变形值时，不影响建筑物的正常使用。

6.4.2.3 地表移动变形预计及对村庄的影响分析

充填率 90%下的煤层分层开采工况如表 6.7 所示。

**表 6.7 充填率 90%下的煤层分层开采工况**

| 工况 | $A_1$ | $A_2$ | $A_3$ | $A_4$ | $A_5$ |
|---|---|---|---|---|---|
| 说明 | 1 个分层(3 m) | 2 个分层(6 m) | 3 个分层(9 m) | 4 个分层(12 m) | 5 个分层(15 m) |

各工况的地表最大移动变形及村庄房屋损害情况如表 6.8 所示。工况 $A_1$～工况 $A_5$ 的地表下沉、最大倾斜、最大曲率、最大水平变形等值线预计图如图 6.3～图 6.6、图 6.7～图 6.10、图 6.11～图 6.14、图 6.15～图 6.18、图 6.19～图 6.22所示，以上各图中横、纵坐标为矿区地理位置横、纵坐标，即矿区勘测设计时建立的平面直角坐标系中的横、纵坐标，单位为 m，各图等值线上数据的单位可参考表 6.8 中的单位。

**表 6.8 地表最大移动变形值及村庄房屋损坏情况表**

| 工况 | | $A_1$ | $A_2$ | $A_3$ | $A_4$ | $A_5$ |
|---|---|---|---|---|---|---|
| 地表最大下沉 $W_0$/mm | | 234.07 | 514.91 | 824.05 | 1148.14 | 1472.24 |
| 村庄内最大变形 | 最大下沉 $W_i$/mm | 4.79 | 10.54 | 16.87 | 23.51 | 30.14 |
| | 最大倾斜 $i$/(mm/m) | 0.37 | 0.90 | 1.48 | 2.07 | 2.59 |
| | 最大曲率 $k$/(mm/m²) | 0.025 | 0.059 | 0.098 | 0.140 | 0.170 |
| | 最大水平变形 $\varepsilon$/(mm/m) | 0.57 | 1.38 | 2.28 | 3.18 | 3.98 |
| Ⅱ级变形面积/m² | | — | — | 0.32 | 86.00 | 238.83 |

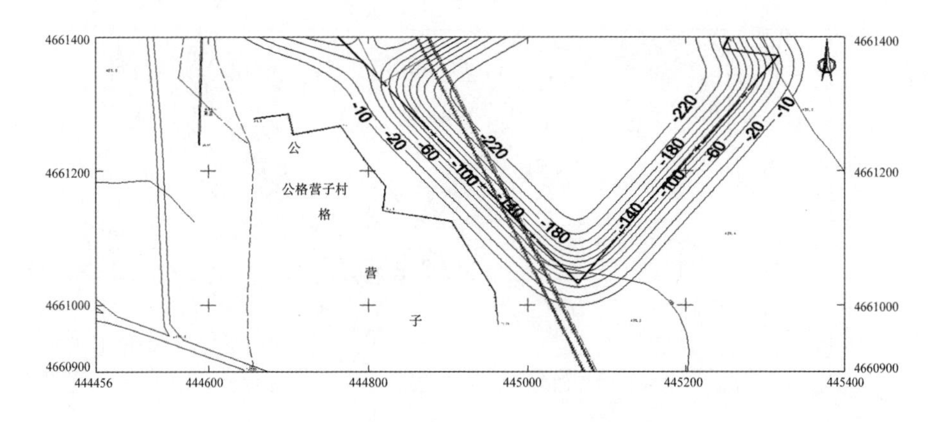


图 6.3 工况 $A_1$(3 m)地表下沉等值线图

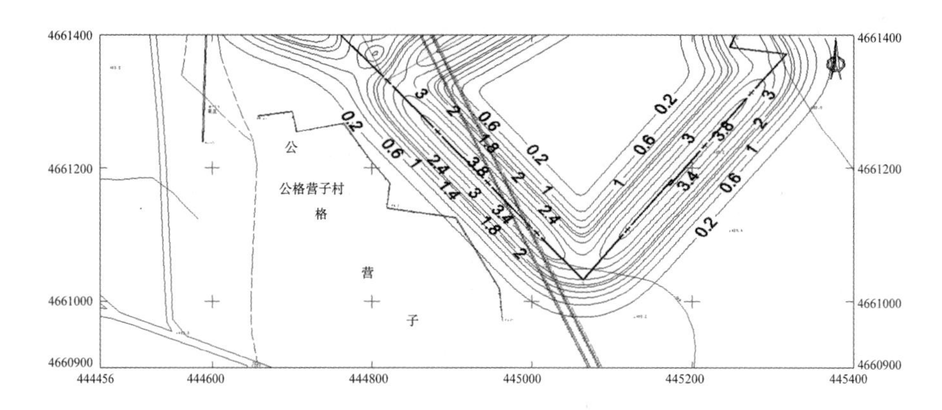


图 6.4　工况 $A_1$(3 m)地表最大倾斜等值线图

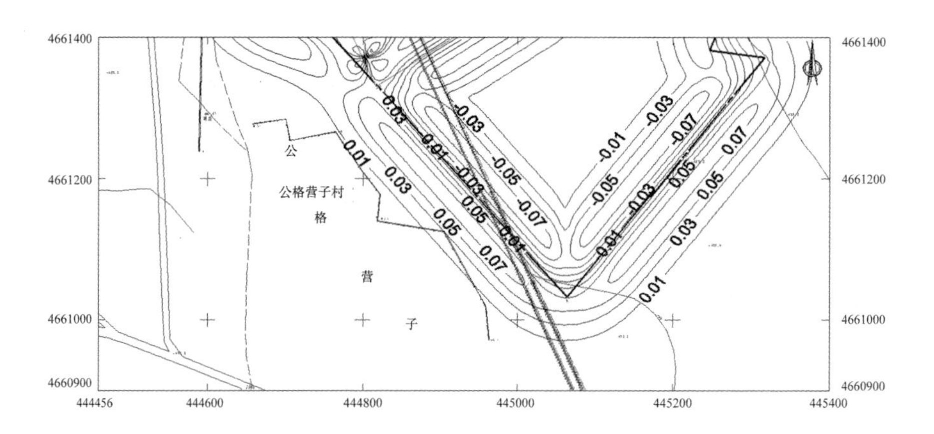


图 6.5　工况 $A_1$(3 m)地表最大曲率等值线图

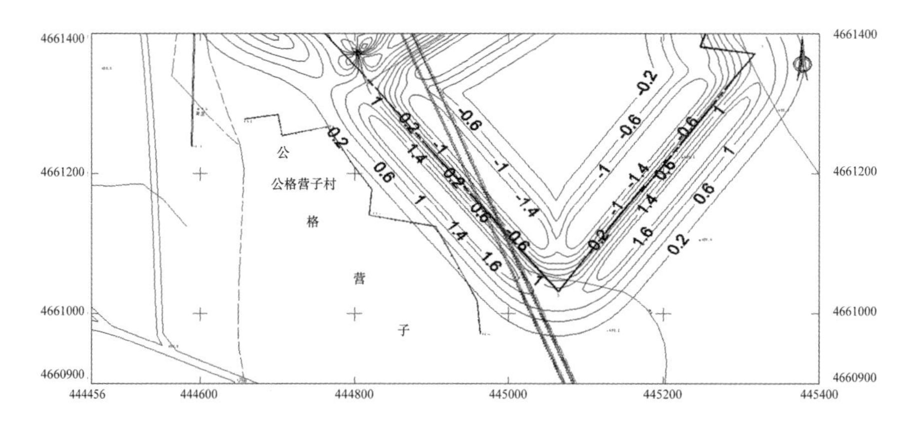


图 6.6　工况 $A_1$(3 m)地表最大水平变形等值线图

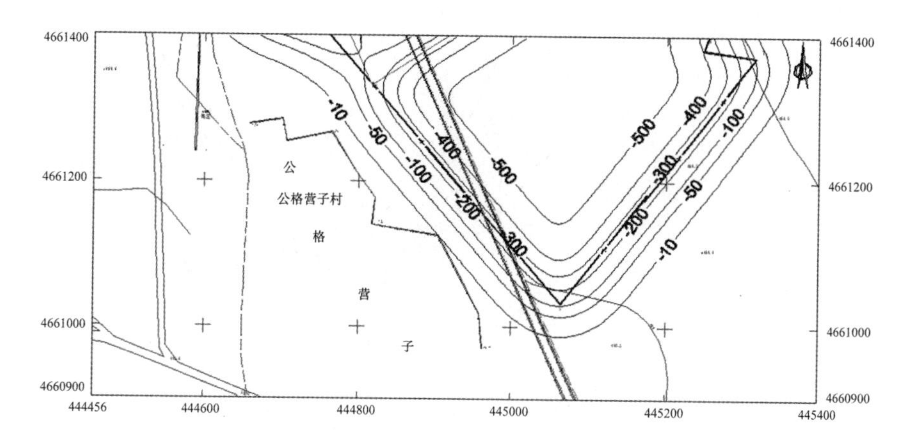


图 6.7 工矿 $A_2$(6 m)地表下沉等值线图

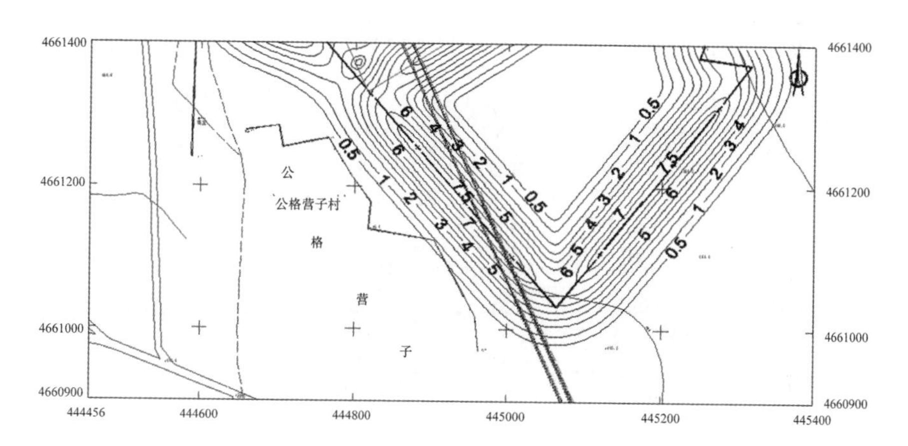


图 6.8 工况 $A_2$(6 m)地表最大倾斜等值线图

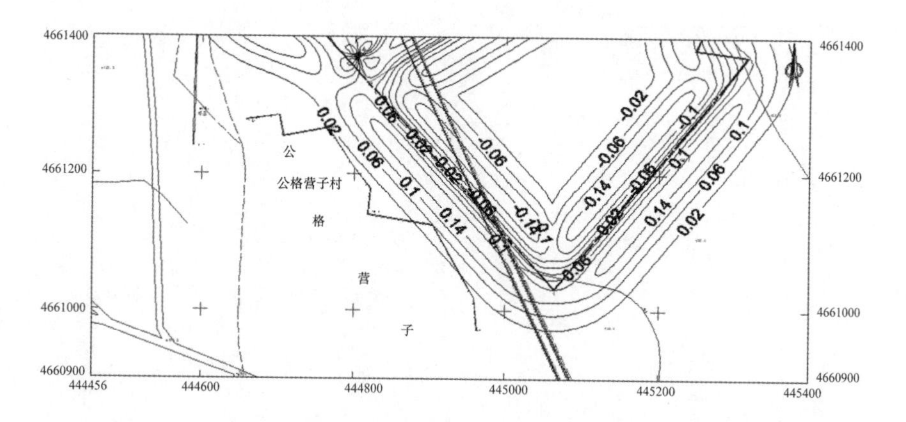


图 6.9 工况 $A_2$(6 m)地表最大曲率等值线图

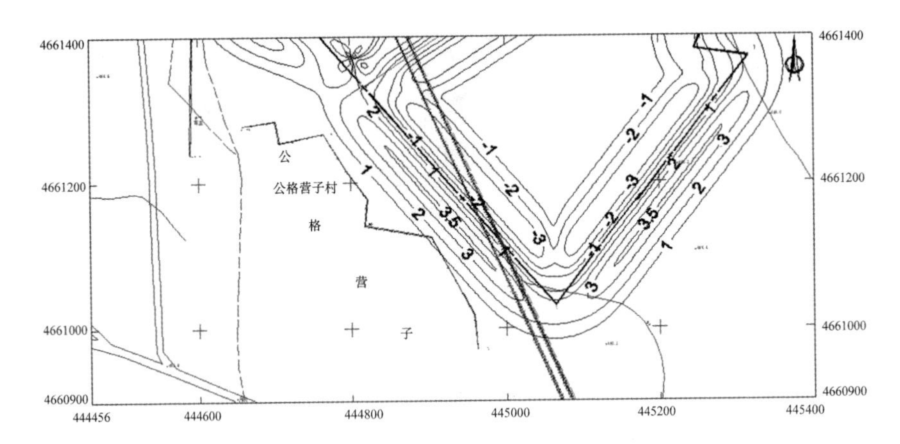


图 6.10　工况 $A_2$(6 m)地表最大水平变形等值线图

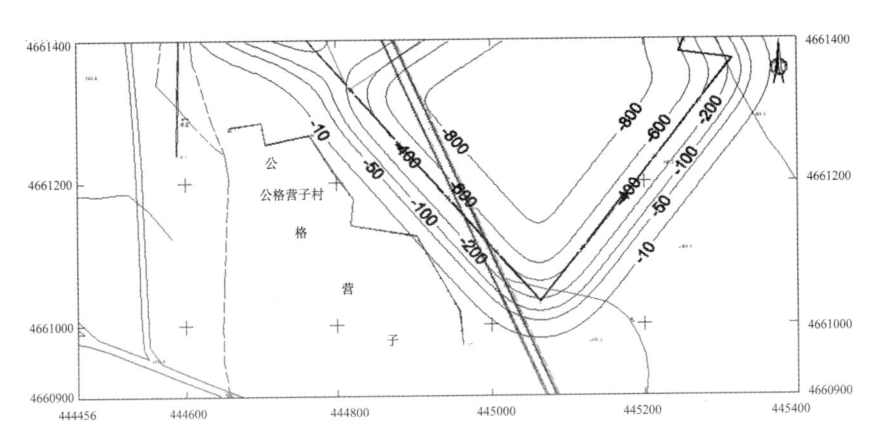


图 6.11　工况 $A_3$(9 m)地表下沉等值线图

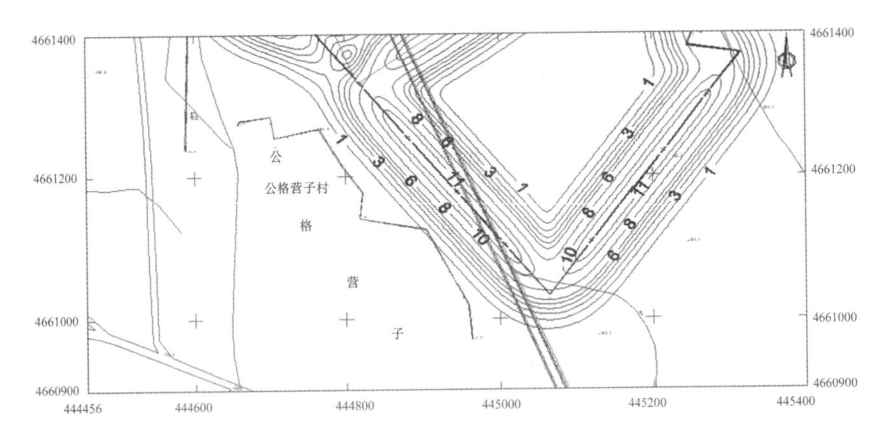


图 6.12　工况 $A_3$(9 m)地表最大倾斜等值线图

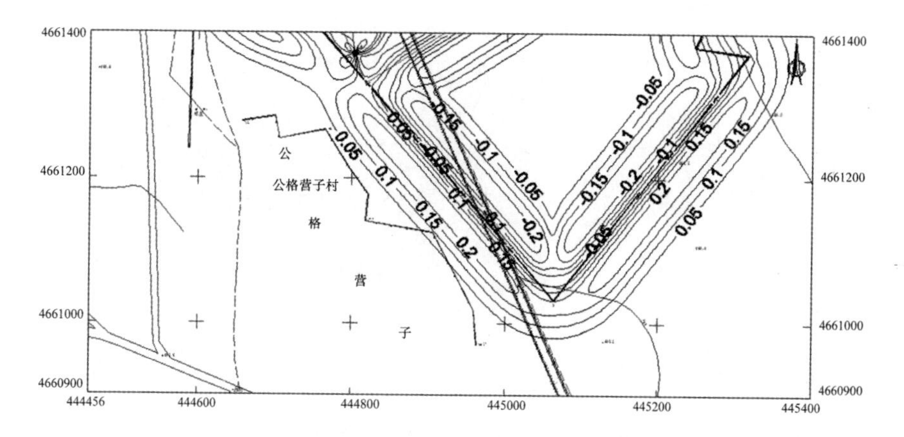


图 6.13　工况 $A_3$(9 m)地表最大曲率等值线图

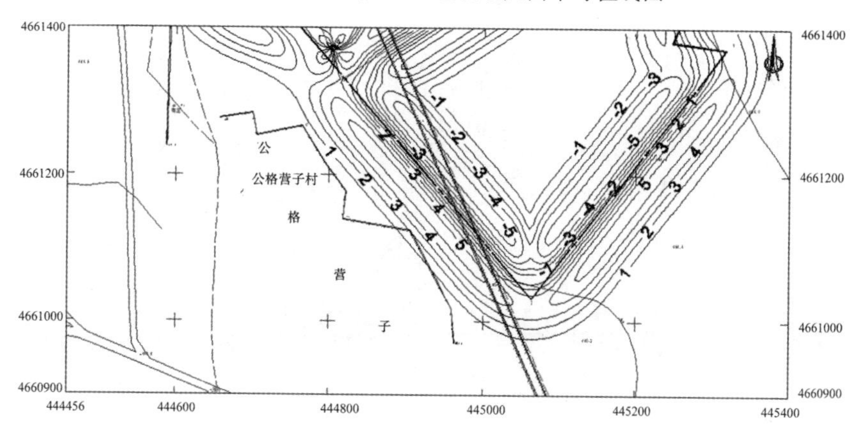


图 6.14　工况 $A_3$(9 m)地表最大水平变形等值线图

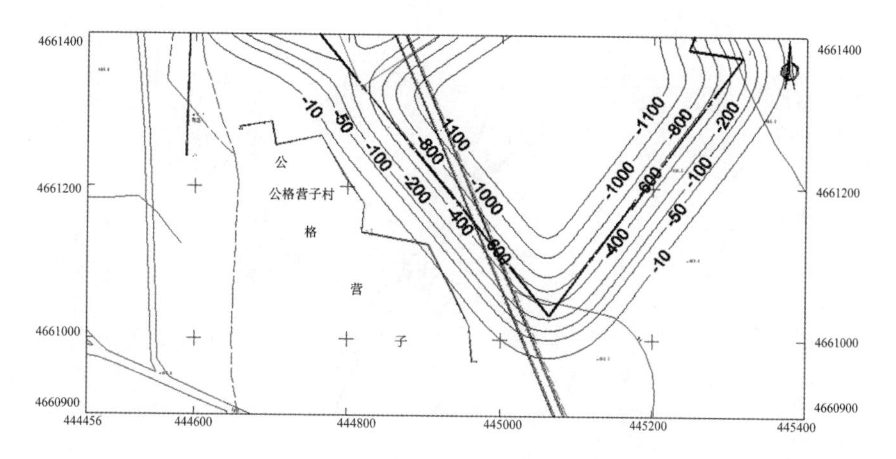


图 6.15　工况 $A_4$(12 m)地表下沉等值线图

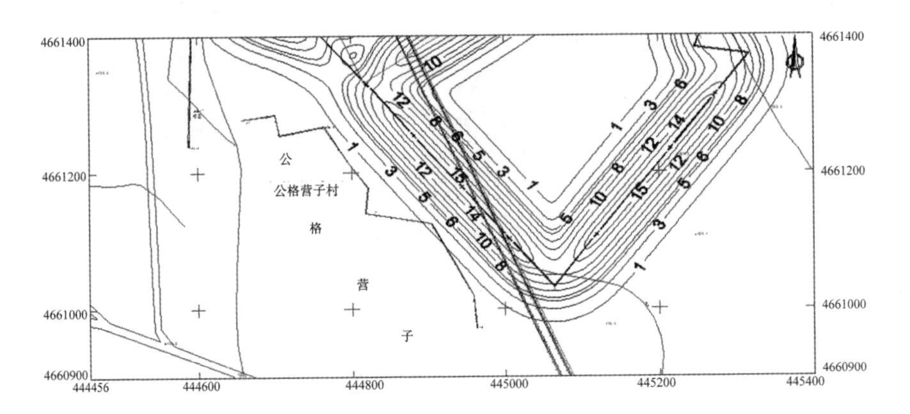


图 6.16　工况 $A_4$(12 m)地表最大倾斜等值线图

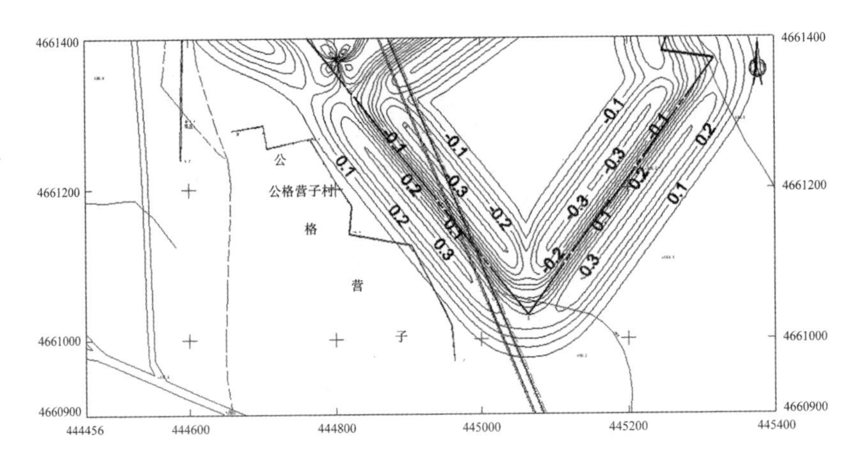


图 6.17　工况 $A_4$(12 m)地表最大曲率等值线图

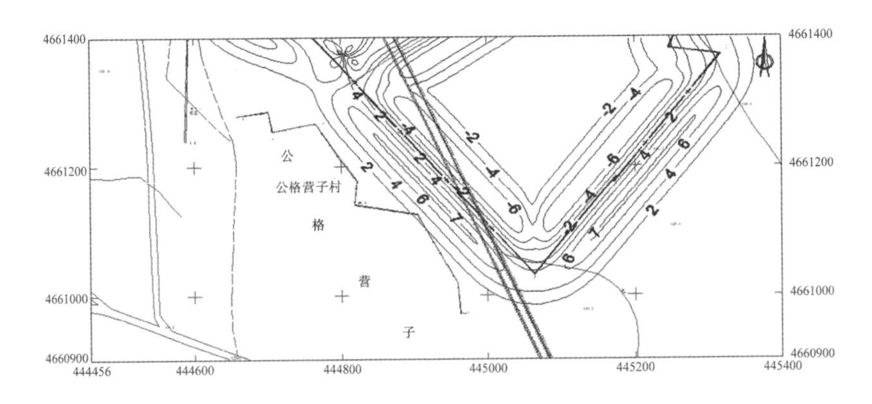


图 6.18　工况 $A_4$(12 m)地表最大水平变形等值线图

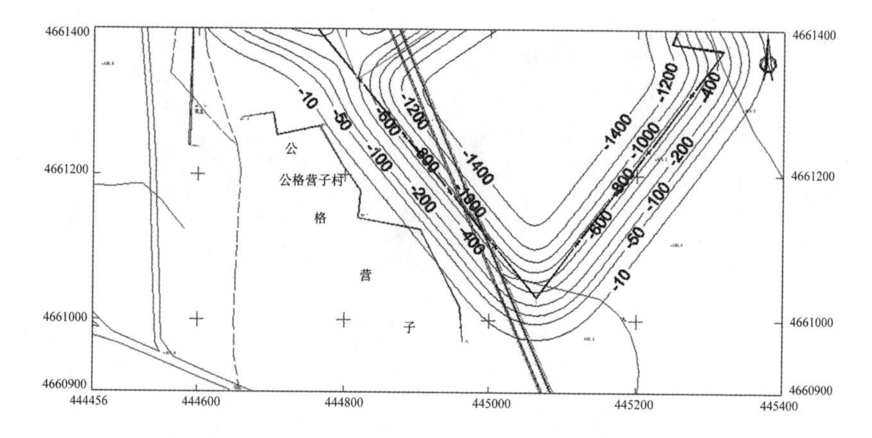


图 6.19　工况 $A_5$(15 m)地表下沉等值线图

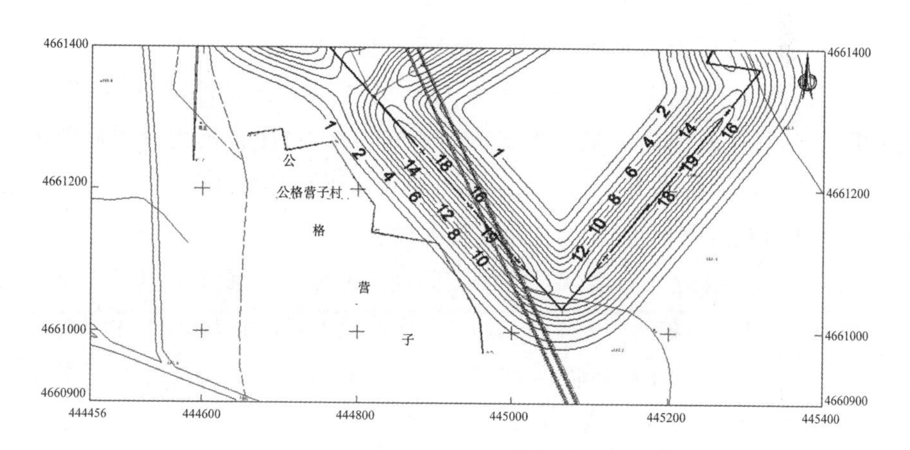


图 6.20　工况 $A_5$(15 m)地表最大倾斜等值线图

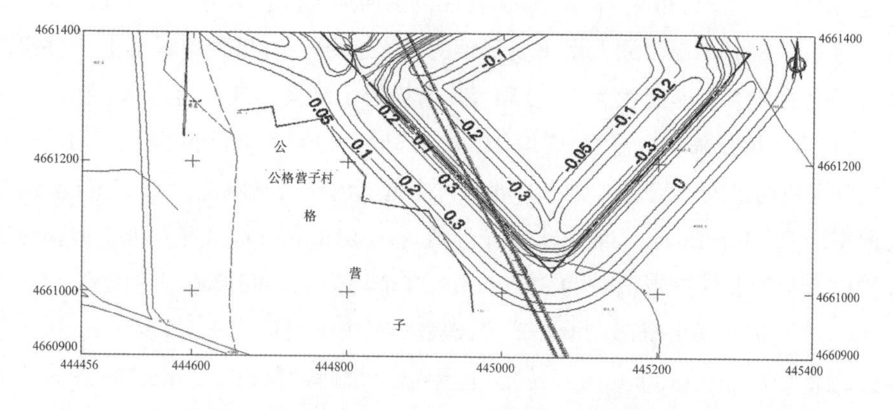


图 6.21　工况 $A_5$(15 m)地表最大曲率等值线图

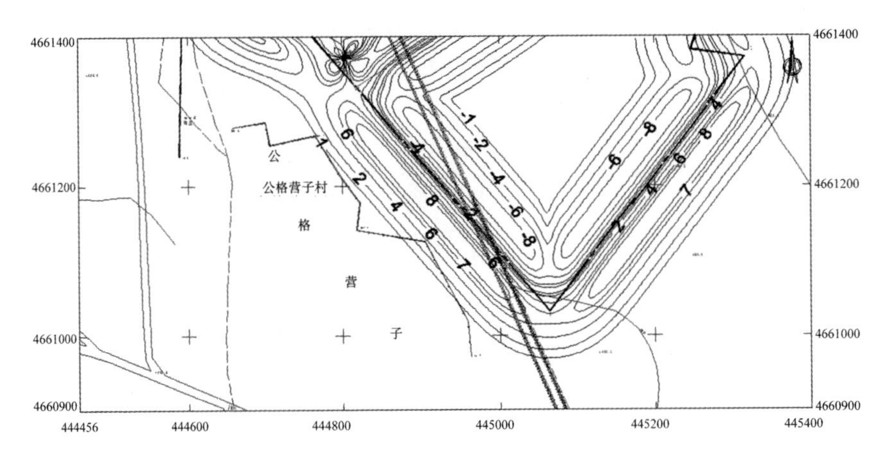


图 6.22 工况 $A_5$(15 m)地表最大水平变形等值线图

15 m 特厚煤层全部充填开采后，由表 6.8 可以看出：

(1)当底分层(煤厚 3 m)全部充填开采后，地表的最大下沉值为 234.07 mm，村庄范围内的最大下沉值为 4.79 mm，村庄范围内最大倾斜值为 0.37 mm/m，最大曲率为 0.025 mm/m$^2$，最大水平变形值为 0.57 mm/m。村庄范围内无Ⅱ级变形产生，均为Ⅰ级变形或没有变形。

(2)当充填开采 2 个分层(煤厚 6 m)后，地表的最大下沉值为 514.91 mm，村庄范围内的最大下沉值为 10.54 mm，村庄范围内最大倾斜值为 0.90 mm/m，最大曲率为 0.059 mm/m$^2$，最大水平变形值为 1.38 mm/m。村庄范围内无Ⅱ级变形产生，均为Ⅰ级变形或没有变形。

(3)当充填开采 3 个分层(煤厚 9 m)后，地表的最大下沉值为 824.05 mm，村庄范围内的最大下沉值为 16.87 mm，村庄范围内最大倾斜值为 1.48 mm/m，最大曲率为 0.098 mm/m$^2$，最大水平变形值为 2.28 mm/m，出现Ⅱ级变形。村庄范围内产生的Ⅱ级变形面积为 0.32 m$^2$，其余均为Ⅰ级变形或没有变形。

(4)当充填开采 4 个分层(煤厚 12 m)后，地表的最大下沉值为 1148.14 mm，村庄范围内的最大下沉值为 23.51 mm，村庄范围内最大倾斜值为 2.07 mm/m，最大曲率为 0.140 mm/m$^2$，最大水平变形值为 3.18 mm/m，出现Ⅱ级变形。村庄范围内产生的Ⅱ级变形面积为 86.00 m$^2$，其余均为Ⅰ级变形或没有变形。

(5)当 15 m 煤层全部充填开采后，地表的最大下沉值为 1472.24 mm，村庄范围内的最大下沉值为 30.14 mm，村庄范围内最大倾斜值为 2.59 mm/m，最大曲率为 0.170 mm/m$^2$，最大水平变形值为 3.98 mm/m，出现Ⅱ级变形。村庄范围内产生的Ⅱ级变形面积仅为 238.83 $m^2$，其余均为Ⅰ级变形或没有变形。

综上所述，在充填率 90%条件下，当 15 m 煤层全部充填开采后，村庄范围地表移动变形不明显，只有小部分地表出现Ⅱ级变形，房屋产生轻微损坏或轻度损坏，进行简单维修或小修后，将不会影响村庄内的建筑物正常使用。

## 6.5 技术效果及效益分析

### 6.5.1 技术效果分析

#### 6.5.1.1 强含水层下巷式充填开采技术效果

(1)充填效果：充填料浆接顶良好，经过近 $3\times10^5$ $m^3$的充填实践，接顶率达95%以上，优于设计的 90%的充填率，取得了令人满意的效果。

(2)井下涌水量明显降低，由原来的 390 $m^3/h$ 减少到现在的 150 $m^3/h$，大大节约了井下排水费用。

#### 6.5.1.2 巷式充填开采控制地表沉陷

为了掌握巷式充填开采引起的地表移动变形规律，在二采区对应的地表布置了一条观测线。这条观测线长度约 220 m，共布置了 12 个观测点，对地表下沉进行了近 18 个月的观测。二采区 6 煤开采 2 个分层(共 6 m 厚)后，地表下沉观测结果如表 6.9 和图 6.23 所示。

**表 6.9　地表下沉观测结果**

| 时间/d | 不同观测点处的地表下沉值/mm | | | | | | | | | | | |
|---|---|---|---|---|---|---|---|---|---|---|---|---|
| | 1 | 2 | 3 | 4 | 5 | 6 | 7 | 8 | 9 | 10 | 11 | 12 |
| 0 | 0 | 5 | 8 | 8 | 7 | 0 | 0 | 0 | 0 | 0 | 0 | 0 |
| 80 | 57 | 78 | 82 | 67 | 50 | 20 | 4 | 0 | 0 | 0 | 0 | 0 |
| 150 | 103 | 130 | 141 | 135 | 107 | 63 | 36 | 19 | 8 | 4 | 1 | 0 |
| 320 | 141 | 156 | 173 | 169 | 144 | 95 | 67 | 24 | 16 | 4 | 2 | 0 |
| 390 | 154 | 179 | 195 | 206 | 179 | 128 | 96 | 60 | 33 | 16 | 4 | 0 |
| 490 | 160 | 183 | 202 | 209 | 189 | 147 | 109 | 72 | 44 | 28 | 4 | 0 |

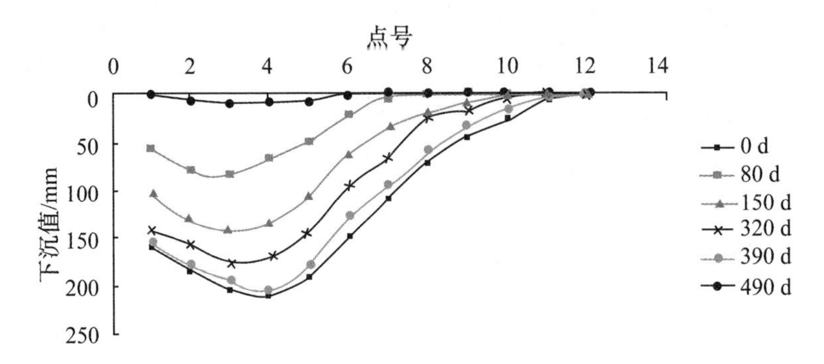


图 6.23　巷式充填开采地表下沉曲线

实测表明，充填法开采的地表下沉比较轻微，地表最大下沉值仅为209 mm，小于按设计充填率90%预计的515 mm，实际充填率达到了95%以上，地表沉降得到了较好的控制。采用充填法开采时，地表下沉系数约为3.5%。

### 6.5.2　效益分析

#### 6.5.2.1　经济效益

经计算，充填成本为33.76元/$m^3$，矿煤的密度取1.4 t/$m^3$，吨煤成本净增充填费用为24元/t。由于巷式充填开采的实施，给企业带来了如下经济效益：

(1)采用巷式充填开采，有效地控制了井下的涌水量，充填后由原来的年排水量$3.5\times10^6$ $m^3$减少到$1.5\times10^6$ $m^3$，节约排水费用超过600万元/年，降低生产成本近20元/t。

(2)充分利用煤炭资源，解放压煤量。该矿原设计的各种防水煤岩柱压煤量$6\times10^6$ t，通过开展强含水层下巷式充填开采，预计可解放含水层下压煤资源达$3\times10^6$ t，延长矿井服务年限7年以上，企业创利2亿多元，经济效益显著。

(3)公格营子矿周围都是水浇农田，使用巷式充填开采后，避免了煤矿塌陷地租用费用，可节约1亿多元。

#### 6.5.2.2　社会效益

(1)保护自然环境。通过使用巷式充填开采，矿区的地表沉陷得到了有效的控制，在实现不迁村采煤的同时，避免了矿区生态环境遭受破坏，维持了地下水生态系统的平衡。

(2)实现矿山绿色开采。巷式充填开采技术不仅考虑采矿工艺的需要，还考虑到矿山开采废弃物的综合利用与处理、环境保护、减少污染的社会要求，将煤矸石、粉煤灰等废弃物用于井下回填，实现无废害开采。

## 6.6　本章小结

（1）针对公格营子矿的实际情况，结合前文的分析计算，对巷式充填开采的工作面进行了布置，设计护巷柱体宽度为 8 m，可进行 3 个循环的巷式充填开采。

（2）对于 6 煤，在采用巷式充填分层开采情况下，实际煤岩柱的厚度为 111 m，大于计算分析所需的防水煤岩柱厚度 39.8 m。因此，公格营子矿强含水层下进行巷式充填开采是安全可行的。

（3）结合砖混结构建筑物损坏等级标准，对充填率 90％的巷式充填开采地表移动变形进行了预计分析。结果表明，当 15 m 煤层全部进行巷式充填开采后，村庄内产生的Ⅱ级变形面积仅为 238.83 $m^2$，其余均为Ⅰ级变形或没有变形，进行简单维修或小修后，将不会影响村庄内的建筑物正常使用。

（4）由于采用巷式充填开采，有效地控制了井下涌水量，节约排水费用超过 600 万元/年，在开采压煤的同时使地表沉陷得到有效的控制，经济、社会效益显著。

# 第七章　结论与展望

## 7.1　主要研究成果

本书在公格营子矿强含水层下压煤开采的工程背景下，确定采用巷式充填开采模式，建立了巷式充填开采护巷柱体稳定性力学模型，分析了不同护巷柱体宽度条件下护巷柱体的稳定性；建立了巷式全部充填后顶板沉降的力学模型，分析了不同充填率条件下顶板的断裂与弯曲变形；研究了巷式充填开采的等价采高，并在此基础上建立了巷式充填开采上覆岩层断裂的力学模型，分析了覆岩导水裂隙带的发育高度。本书还利用有限差分方法分析了巷式充填开采导水裂隙带发育高度、覆岩应力场、位移场的变化规律与影响因素。结合公格营子矿实例，确定了防水煤岩柱的高度，利用概率积分法预计分析了巷式充填开采地表下沉、倾斜、曲率及水平变形情况对地表村庄的影响。实际的技术效果及效益表明，强含水层下巷式充填开采具有一定的优越性。

根据前文所提出的主要研究内容，本书取得的主要研究成果有：

(1)结合公格营子矿的实际情况，确定了充填材料的优化配比，论述了巷式充填开采的工作原理，对巷式充填开采的工作面进行了布置；分析了巷式充填开采过程中充填巷道掘进充填顺序的影响因素及原则，设计了充填材料在地表制备后输送至井下的充填工艺及巷道充填工艺；对巷式充填控制覆岩移动变形效果的影响因素进行了分析。

①针对公格营子矿采矿地质条件，确定了公格营子矿采用巷式充填分层开采，分层厚度为 3 m，共分 5 层，并设计充填率为 90%。

②确定了充填材料优化配比为:水泥3%、煤矸石30%、粉煤灰20%、白灰渣10%、劣质砂13%,似膏体料浆浓度为76%。

③对公格营子矿工作面巷式充填采煤工艺进行了设计,设计了充填巷的尺寸,充填巷断面为矩形,其宽为4 m,高为3 m;分析了充填巷掘进充填顺序的影响因素,对巷式充填的工作面进行了布置,并设计了巷式充填开采的巷道充填工艺。

④对巷式充填开采覆岩移动特征及影响因素进行了分析,提出下沉量因素、充填质量因素和岩性因素是影响巷式充填开采覆岩移动变形的三大主要因素。

(2)基于弹性地基梁解析方法,分别建立了巷式充填开采护巷柱体稳定性力学模型和巷式全充采场顶板移动变形力学模型;分析了护巷柱体上的支承压力分布、稳定性以及护巷柱体留设宽度;并通过分析得出了顶板岩层可能发生断裂破坏时的极限跨距,以及当顶板岩层达到极限跨距时顶板岩层所能承受的极限挠度;详细讨论了在达到顶板极限跨距时,充填率对顶板极限挠度的影响。

①在护巷柱体稳定性力学模型的基础上分析了护巷充填柱体上的开采压应力的理论分布规律,得出护巷柱体的压应力函数表达式。针对巷式全部充填顶板移动变形的力学模型,推导出顶板容许的最大下沉值。讨论了巷式充填开采过程中不同充填率情况下的顶板极限挠度$W_{极}$与顶板容许的最大下沉值$W_{max}$之间的关系,即在$W_{极} \leqslant Z$、$Z < W_{极} \leqslant \frac{q}{k_c} + Z$及$W_{极} > \frac{q}{k_c} + Z$情况下判断顶板是否发生断裂以及发生断裂时相应的极限跨距。

②结合公格营子矿实际条件,对于底分层充填开采,分析计算了顶板荷载$q$为252.86 kPa。护巷柱体宽度为4 m、8 m、12 m时,护巷柱体上承受的最大应力分别为256.196 kPa、255.847 kPa、255.411 kPa;对于顶分层开采,从安全角度考虑,在裂隙充分发育的情况下,计算得出裂隙带发育高度为34.5 m,当护巷柱体宽度为4 m、8 m、12 m时,护巷柱体上承受的最大应力分别为1.8 MPa、1.35 MPa、1.2 MPa。

③护巷柱体的宽度不仅影响到护巷柱体的稳定性,还关系到巷式充填开采的循环次数。考虑到回采效率及循环次数,最终确定护巷柱体的宽度为8 m。选取8 m宽度的护巷柱体既能够保证护巷柱体的稳定性,又能尽量减少循环数,提高回采和充填的效率。

④模拟公格营子矿分层充填开采,发现在底分层充填开采的过程中,实际充填率为90%时,充填体上方直接顶板容许的最大下沉值为301 mm,而顶板的极

限挠度为 2.17 mm，当达到极限跨距时，顶板将发生断裂，顶板极限跨距为31.3 m。

⑤当公格营子矿采用巷式充填开采的方式开采顶分层时，实际充填率为90%时，充填体上方直接顶板容许的下沉空间为 1501 mm 远大于顶板的极限挠度 2.22 mm，顶板将发生断裂。顶板极限跨距为 21.9 m。对于自下而上分层充填开采，在顶板等其他条件一定的情况下，煤层越厚，要使顶分层充填开采时顶板不发生断裂，对于充填率的要求就越高。

(3)分析了导水裂隙带的形成、影响因素及可能的发育高度。基于巷式充填开采等价采高理论，结合巷式全部充填顶板移动变形力学模型的相关分析，建立了覆岩断裂的力学模型，当充填体上方的顶板岩层达到极限挠度时，必然会发生断裂。分析了裂隙带可能的发育高度。

①基于充填开采的等价采高理论，对巷式充填开采覆岩导水裂隙带发育高度进行了分析与计算；提出顶、底板移近量，充填欠接顶量及充填体压缩量是影响等价采高的主要因素，并给出了充填等价采高的计算公式：$M_e=\eta\cdot M+(1-\varepsilon)\cdot M+\delta\cdot\varepsilon\cdot M$。

②对覆岩变形破坏进行了相关的力学分析，结合前文对于充填体上方直接顶岩梁受力变形的相关分析，建立了老顶岩梁的力学模型，推导了老顶岩梁断裂的极限跨距与极限挠度，为覆岩关键层断裂分析提供了方法，对导水裂隙带发育高度提供了计算方法。结合老顶断裂岩块的受力平衡分析，对覆岩断裂发展至裂隙带给出了判别条件，即顶板岩层分层厚度应大于下部 1.5 倍的自由下沉空间。

③结合公格营子矿巷式充填开采，对主采 6 煤上覆各岩层的极限跨距、极限挠度及自由下沉空间进行了理论计算，计算得出导水裂隙带可发展至层号为 7 的砂砾岩底部，导水裂隙带的高度为 32.5 m。

④结合导水裂隙带的经验公式对公格营子矿的导水裂隙带高度进行了计算，计算得出导水裂隙带的最大高度为 34.5m，与理论分析相比，经验公式计算得出的导水裂隙带高度偏保守。

(4)基于有限差分方法，采用 $FLAC^{3D}$数值分析软件模拟了巷式充填开采与垮落法开采覆岩导水裂隙带发育规律；对巷式充填开采影响上覆岩层移动的主要影响因素(采厚、顶板条件、充填率以及充填体弹性模量等)进行了分析；通过回归分析得出了巷式充填开采导水裂隙带高度随各影响因素变化的关系式。

①随着采厚的增加，两种开采方法导水裂隙带高度变化都是先增加后趋于

稳定，呈现非线性关系。但在同一采厚条件下，巷式充填开采相对垮落法开采导水裂隙带高度明显减小，说明巷式充填开采控制覆岩破坏效果明显。

②对于巷式充填开采，随着采厚的增大，最大主应力值逐渐增加。当采厚为 3 m、6 m、9 m、12 m 及 15 m 时，覆岩导水裂隙带高度分别为 13 m、22 m、28 m、31 m及 33 m，覆岩破坏塑性区高度、覆岩垂直应力及垂直位移均随采厚的增加而增大。

③对于巷式充填开采，随着充填率的增加，最大主应力值逐渐降低，覆岩破坏高度随之降低。当充填率由 80%增加到 99%时，覆岩破坏高度由 41 m 降低到 16 m。覆岩破坏高度、覆岩垂直应力及垂直位移均随充填率的增大而减小。

④对于巷式充填开采，覆岩最大主应力峰值随充填体弹性模量的增加而降低。当充填体弹性模量由 0.1 GPa 提高到 1 GPa 时，塑性区破坏高度及范围降低明显，导水裂隙带的高度从充填体弹性模量为 0.1 GPa 时的 45 m 减小到充填体弹性模量为 1 GPa 时的 26 m，降幅达到 42%；当充填弹性模量从 1 GPa 提高到 2 GPa 时，导水裂隙带降低幅度较小，巷式充填开采控制裂隙发育效果不明显。覆岩破坏高度、覆岩垂直应力及垂直位移均随充填体弹性模量的增大而减小。

⑤对于公格营子矿 15 m 煤层进行巷式充填分层开采时，当由充填开采一个分层增加到五个分层时，导水裂隙带的高度也由 12 m 增加到 33 m，并且随着充填开采层数的增加，覆岩垂直位移逐渐变大。煤层顶板距含水层底板的距离为 111 m，故 33 m 的导水裂隙带不会波及含水层。

(5)结合前文分析对公格营子矿巷式充填开采充填巷的掘进充填顺序进行了设计，给出了工作面的具体布置方式；确定了公格营子矿安全防水煤岩柱的高度，并对巷式充填采动对地表村庄的影响进行了预计分析。技术效果及效益分析表明，公格营子矿采用巷式充填开采方法可以在安全有效地采出强含水层下煤炭资源的同时，使地表沉降得到较好的控制，经济、社会效益显著。

①针对公格营子矿的实际情况，结合前文的分析计算，对巷式充填开采的工作面进行了布置，设计护巷柱体宽度为 8 m，进行巷式充填 3 个循环的开采。

②对于 6 煤，在采用巷式充填分层开采情况下，实际煤岩柱的厚度 111 m 大于计算分析所需的防水煤岩柱厚度 39.8 m。因此，公格营子矿在含水层下进行巷式充填开采是安全可行的。

③结合砖混结构建筑物损坏等级标准，对充填率 90%的巷式充填开采地表

移动变形进行了预计。结果表明，当 15 m 煤层全部进行巷式充填开采后，村庄范围内产生的Ⅱ级变形面积仅为 238.83 $m^2$，其余均为Ⅰ级变形或没有变形，进行简单维修或小修后，将不会影响村庄内的建筑物正常使用。

④由于采用巷式充填开采，可有效地控制井下涌水量，节约排水费用超过 600 万元/年，在开采压煤的同时使地表沉陷得到有效的控制，经济、社会效益显著。

## 7.2 本书的创新点

(1)以弹性地基梁理论为基础，建立了巷式充填开采的采场力学模型：①巷式充填开采护巷柱体稳定性力学模型；②巷式全部充填开采顶板移动变形力学模型。同时，分别推导出了各模型顶板岩梁的挠曲函数表达式。

护巷柱体上方顶板的挠曲函数表达式为：

$$\begin{aligned}W(x)=&\frac{qb^3}{24EI\alpha R}\{b\alpha\cosh(\alpha a)[6b\alpha\cos(\alpha a)+(9-b^2\alpha^2)\sin(\alpha a)]\\&+\sinh(\alpha a)[b\alpha(9+b^2\alpha^2)\cos(\alpha a)+12\sin(\alpha a)]\}\cdot(e^{-\alpha x}+e^{\alpha x})\cos(\alpha x)\\&-\frac{qb^3}{24EI\alpha R}\{b\alpha\sinh(\alpha a)[6b\alpha\sin(\alpha a)-(9-b^2\alpha^2)\cos(\alpha a)]\\&+\cosh(\alpha a)[b\alpha(9+b^2\alpha^2)\sin(\alpha a)-12\cos(\alpha a)]\}\cdot(e^{-\alpha x}-e^{\alpha x})\\&\cdot\sin(\alpha x)\end{aligned}$$

巷式全部充填充填体上方顶板的挠曲函数表达式为：

$$\begin{aligned}W(x)=&\{T\cdot[(e^{2\alpha L}-1)\cos(\alpha L)+(e^{2\alpha L}+1)\sin(\alpha L)](e^{-\alpha x}+e^{\alpha x})\cos(\alpha x)\\&+[T\cdot(e^{2\alpha L}-1)\cos(\alpha L)-(e^{2\alpha L}+1)\sin(\alpha L)](e^{-\alpha x}-e^{\alpha x})\sin(\alpha x)+1\}\left(\frac{q}{k_c}+Z\right)\end{aligned}$$

(2)根据护巷柱体上方顶板的挠曲函数表达式，推导出了护巷柱体上最大支承压力与护巷柱体宽度及待充填巷宽度的之间关系的数学表达式，即

$$\begin{aligned}\sigma_{z\max}&=k_cW_h(x=a)\\&=\left[k_cb^4\cdot\frac{6b\alpha\cos(2a\alpha)+6b\alpha\cosh(a\alpha)+(9-b^2\alpha^2)\sin(2a\alpha)+(27+b^2\alpha^2)\sinh(a\alpha)}{24EIR}\right.\\&\quad\left.+1\right]\cdot q\end{aligned}$$

并分析了不同护巷柱体宽度下巷式充填开采护巷柱体的稳定性。

(3)根据巷式全部充填顶板移动变形的力学模型及顶板挠曲函数表达式，给出了顶板断裂的判断依据，得出了顶板不同断裂情况下极限跨距的计算公式。当充填率较低时，顶板发生断裂时极限跨距为 $L_{极}=h\sqrt{\frac{2R_{T}}{q}}$；当充填率较高时，顶板发生断裂时极限跨距关系式为 $\frac{4e^{\alpha L_{极}}\sin(\alpha L_{极})}{e^{2\alpha L_{极}}+2e^{\alpha L_{极}}\sin(\alpha L_{极})-1}=1-\frac{R_{T}h^{2}}{6\sqrt{k_{c}EI}\cdot\left(\frac{q}{k_{c}}+Z\right)}$。

(4)运用 FLAC$^{3D}$数值模拟软件，对影响巷式充填覆岩导水裂隙带发育的主要影响因素进行了模拟分析，研究了巷式充填开采覆岩垂直位移场、垂直应力场及主应力场的动态变化过程。通过回归分析，分别得出了巷式充填开采导水裂隙带高度随主要因素变化的关系式。

(5)结合强含水层下巷式充填开采覆岩移动及影响的理论研究，对于公格营子矿强含水层下巷式充填开采进行了工程应用，取得了良好的技术效果及效益。

## 7.3　研究展望

(1)本书建立了巷式充填开采护巷柱体稳定性力学模型，推导出护巷柱体上支承压力分布随护巷柱体宽度及充填巷宽度变化的数学表达式，为分析护巷柱体的稳定性提供了依据，为巷式充填开采的护巷柱体宽度的留设及充填巷宽度的设计提供了方法。但模型的求解过程过于复杂，给计算带来不便，因此，对护巷柱体稳定性判别条件的计算公式进行简化，是未来研究的重点。

(2)本书建立的巷式全部充填顶板移动变形的力学模型可以预测不同充填率及充填体弹性模量条件下顶板是否断裂及顶板断裂下的极限跨距。在顶板断裂基础上进一步建立的覆岩岩层断裂力学模型可以预测覆岩导水裂隙带的发育高度，可为充填率及充填体弹性模量的设计提供依据。但是以上研究均没有考虑到覆岩层中存在良好隔水层(软弱岩层)的情况，未来应重点研究巷式充填开采过程中覆岩层具有软弱岩层等较好隔水层条件下的导水裂隙带的发育高度，从而进一步完善对巷式充填开采覆岩导水裂隙带发育高度的研究。

(3)本书建立的巷式充填开采采场力模型都是在水平煤层条件下建立的,对于倾斜煤层条件下的巷式充填开采,模型的适用性有待进一步验证。

(4)在工程应用过程中,应加强含水层层位、导水裂隙带高度及其分布形态的观测工作,为强含水层下巷式充填开采提供依据。

# 参考文献

[1] 谢和平，钱鸣高，彭苏萍，等. 煤炭科学产能及发展战略初探[J]. 中国工程科学，2011，13(6):44-50.

[2] 田萍. 新形势下我国煤炭发展情况分析[J]. 科技创新导报，2014，11(18):216.

[3] 袁伟昊，袁树来，暴庆保，等. 充填采煤方法与技术[M]. 北京:煤炭工业出版社，2012.

[4] 陈亚杰，赵兵文. 综合机械化膏体充填采煤技术[M]. 北京:煤炭工业出版社，2012.

[5] 代建四. 煤矿充填开采的现状与发展趋势[J]. 科技创新导报，2010(18):60-61.

[6] 常杰. 三下采煤技术的探讨与研究[J]. 山西煤炭，2011，31(10):51-53.

[7] 崔德仁，姚庆汉. 特殊采煤技术发展概况[J]. 矿山压力与顶板管理，1997(2):20-22.

[8] 张海波，宋卫东. 评述国内外充填采矿技术发展现状[J]. 中国矿业，2009，18(12):59-62.

[9] 余再波. 煤矿绿色充填开采技术应用现状及展望[J]. 山西建筑，2010，36(10):206+215.

[10]郭文兵，柴华彬. 煤矿开采损害与保护[M]. 北京:煤炭工业出版社，2008.

[11]彭续承. 充填理论及应用[M]. 长沙:中南工业大学出版社，1998.

[12]张海波，宋卫东，许英霞. 充填采矿技术应用发展及存在问题研究[J].

黄金，2010，31(1)：23-25.

[13]刘建功，赵庆彪. 煤矿充填法采煤[M]. 北京：煤炭工业出版社，2011.

[14]GRICE T. Underground mining with backfill[J]. Proceedings of the 2nd annual summit-mine tailings disposal systems，1998，696：234-239.

[15]SRINIVASAN S，KETTIMUTHU R，SUBRAMANI V，et al. Selective reservation strategies for backfill job scheduling[C]//Job Scheduling Strategies for Parallel Processing：8th International Workshop，JSSPP 2002 Edinburgh，Scotland，UK，July 24，2002 Revised Papers 8. Berlin：Springer Berlin Heidelberg，2002：55-71.

[16]KOMINE H. Simplified evaluation on hydraulic conductivities of sand-bentonite mixture backfill[J]. Applied clay science，2004，26(1)：13-19.

[17]LANDRIAULT D. Backfill in underground mining[J]. Underground mining methods：engineering fundamentals and international case studies，2001(1)：601-614.

[18]BELEM T，BENZAAZOUA M，BUSSIERE B. Mechanical behaviour of cemented paste backfill[C] // The Canadian Geotechnical Society. Montreal 2000：53rd Annual Conference of the Canadian Geotechnical Society. Montreal：The Canadian Geotechnical Society，2000：373-380.

[19]FALL M，BENZAAZOUA M. Modeling the effect of sulphate on strength development of paste backfill and binder mixture optimization[J]. Cement and concrete research，2005，35(2)：301-314.

[20] LANDRIAULT D. Paste backfill mix design for Canadian underground hard rock mining[C] // CIM. Proceedings of the 97th Annual General Meeting of CIM. Halifax：CIM，1995：238-239.

[21] BELEM T，BENZAAZOUA M. Design and application of underground mine paste backfill technology[J]. Geotechnical and geological engineering，2008，26(2)：147-174.

[22]SREEKRISHNAVILASAM A ，KING S ，SANTAGATA M . Characterization of fresh and landfilled cement kiln dust for reuse in construction applications[J].Engineering geology，2006，85(1-2)：165-173.

[23]MUNJERI D. Prevention of subsidence using stowing methods[J].

Colliery guardian, 1987, 235(7):245-246.

[24] TARIQ A , NEHDI M . Developing durable paste backfill from sulphidic tailings[J].Waste and resource management, 2007, 160(4):155-166.

[25]HUGHSON R, TYMINSKI A, HOLLA L. Review of stowing and packing practices in coal mining[J]. Bulletin and proceedings-australasian institute of mining and metallurgy, 1987, 292(9): 79-86.

[26]胡华，孙恒虎. 矿山充填工艺技术的发展及似膏体充填新技术[J]. 中国矿业，2001(6):47-50.

[27]张文海，张吉雄，赵计生，等. 矸石充填采煤工艺及配套设备研究[J]. 采矿与安全工程学报，2007(1):79-83.

[28]王宜振，杨建峰，王目科. 矸石充填采煤工艺在大兴煤矿的应用[J]. 山东煤炭科技，2008(5):10-11.

[29]陈杰，张卫松，闫斌，等. 井下矸石充填工艺及普采工作面充填装备[J]. 煤炭科学技术，2010，38(4):32-34.

[30]陈杰，张卫松，李涛，等. 矸石充填普采面采煤充填工艺及矿压显现[J]. 采矿与安全工程学报，2010，27(2):195-199.

[31]窦晓峰. 煤矿井下矸石充填工艺系统研究[J]. 河北煤炭，2007(6): 12-13.

[32]李希勇. 大倾角工作面以矸换煤技术研究与应用[J]. 煤炭工程，2008(7):44-45.

[33]刘建功，赵庆彪，张文海，等. 煤矿井下巷道矸石充填技术研究与实现[J].中国煤炭，2005，31(8):36-38.

[34]查剑锋. 矸石充填开采沉陷控制基础问题研究[D]. 徐州:中国矿业大学，2008.

[35]张吉雄. 矸石直接充填综采岩层移动控制及其应用研究[D]. 徐州:中国矿业大学，2008.

[36]柳西学. 矸石井下充填绿色开采沉陷控制研究[J]. 科技信息(科学教研)，2008(25):657-658.

[37]高仁宝. 基于绿色开采的矿井下矸石充填技术[J]. 科技风，2011(9):60.

[38]孙希奎，李学华. 利用矸石充填置换开采条带煤柱的新技术[J]. 煤炭

学报，2008，33(3):259-263.

[39]李强，茅献彪，卜万奎，等. 巷道矸石充填控制覆岩变形的力学机理研究[J]. 中国矿业大学学报，2008，37(6):745-750.

[40]王红胜，张东升，马立强. 预置矸石充填带置换小煤柱的无煤柱开采技术[J]. 煤炭科学技术，2010，38(4):1-5.

[41]郭广礼，缪协兴，查剑锋，等. 长壁工作面矸石充填开采沉陷控制效果的初步分析[J]. 中国科技论文在线，2008，3(11):805-809.

[42]张普田. 煤矿矸石充填开采地表变形规律分析[J]. 矿山测量，2009(4):29-30.

[43]常庆粮. 膏体充填控制覆岩变形与地表沉陷的理论研究与实践[D]. 徐州:中国矿业大学，2009.

[44]解飞翔，徐志远，刘春英. 膏体充填特点及其现状分析[J]. 中小企业管理与科技，2009(8):296.

[45]周华强，侯朝炯，孙希奎，等. 固体废物膏体充填不迁村采煤[J]. 中国矿业大学学报，2004，33(2):154-158.

[46]曹继生. 基于建筑物下开采的采空区膏体充填技术[J]. 煤，2009，18(8):41-42.

[47]丁德强. 矿山地下采空区膏体充填理论与技术研究[D]. 长沙:中南大学，2007.

[48]瞿群迪，周华强，侯朝炯，等. 煤矿膏体充填开采工艺的探讨[J]. 煤炭科学技术，2004，32(10):67-69.

[49]于春生，牛宗涛. 煤矿膏体充填绿色开采体系研究[J]. 中州煤炭，2009(11):15-16.

[50]何利辉，匡中文，邓雪杰，等. 浅谈膏体充填技术在矿山开采中的应用[J].陕西煤炭，2009(5):71-73.

[51]周建保，齐胜春，王占川. 太平煤矿膏体绿色充填开采技术实践[J]. 山东煤炭科技，2009(3):23-24.

[52]刘明. 膏体充填开采控制地表沉陷影响因素研究[D]. 青岛:山东科技大学，2008.

[53]KESIMAL A，ERCIKOI B，YILMAZ E. The effect of desliming by sedimentationon paste backfill performance[J]. Minerals engineering，2003，16

(10):1009-1011.

[54]温国惠，周华强，孙希奎，等. 岱庄煤矿建筑物下遗留条带煤柱矸石膏体充填开采[C]//何国家，刘纯贵. 第 3 届全国煤炭工业生产一线青年技术创新文集. 北京:煤炭工业出版社，2008:509-517.

[55]郑立军，单智勇，周华强，等.村庄下与承压水上膏体充填开采技术[C]// 李建中，梁留科. 创新发展:河南省第五届学术年会论文选集. 北京:中国科学技术出版社，2009:226-231.

[56]王洪江，吴爱祥，肖卫国，等. 粗粒级膏体充填的技术进展及存在的问题[J]. 金属矿山，2009(11):1-5.

[57]李崇茂，王胜康，朱宁军. 煤矿膏体充填泵送系统堵管问题探讨[J]. 中州煤炭，2011(8):47-49.

[58]解飞翔. 膏体充填优化系统预防堵管[J]. 中小企业管理与科技，2010(1):135-136.

[59]崔耀，庞继禄，张东. 煤矿泵送膏体和似膏体充填系统优化[J]. 辽宁工程技术大学学报(自然科学版)，2013，32(7):891-895.

[60]张新国，江宁，张玉江，等. 矸石膏体充填材料力学特性试验[J]. 金属矿山，2012(12):127-131.

[61]BENZAAZOUA M，BELEM T，BUSSSIERE B. Chemical factors that influence the performance of mine sulphidic paste backfill[J]. Cement and concrete research，2002，32(7):1133-1144.

[62]李梦，谢军峰，宋光远，等. 膏体充填材料变形性能的研究[J]. 粉煤灰，2012，24(2):29-32.

[63]赵才智，周华强，瞿群迪，等. 膏体充填材料力学性能的初步实验[J]. 中国矿业大学学报，2004，33(2):159-161.

[64]张新国，王华玲，李杨杨，等. 膏体充填材料性能影响因素试验研究[J].山东科技大学学报(自然科学版)，2012，31(3):53-58.

[65]王五松. 膏体充填流变特性及工艺研究[D]. 阜新:辽宁工程技术大学，2004.

[66]孙恒虎，段鸿杰，刘文永，等. 膏体充填自流输送系统特征参数分析[J].有色金属，2000，52(3):7-10.

[67]李向阳，张新国，曹忠，等. 满管自流膏体充填管路清洗技术研究及应

用[J]. 山东科技大学学报(自然科学版), 2011, 30(5):22-25.

[68]郑保才, 周华强, 何荣军. 煤矸石膏体充填材料的试验研究[J]. 采矿与安全工程学报, 2006, 23(4):460-463.

[69]杨本生, 李杰, 孙恒虎, 等. 我国地下矿山高水充填采矿发展状况及其前景[J]. 黄金, 1999, 20(4):12-14.

[70]郑娟荣, 孙恒虎. 矿山充填胶凝材料的研究现状及发展趋势[J]. 有色金属(矿山部分), 2000, 52(6):12-15.

[71]贾凯军, 冯光明. 煤矿超高水材料充填开采技术及其展望[J]. 煤炭科学技术, 2012, 40(11):6-9.

[72]孙恒虎, 刘文永, 杨宝贵, 等. 充填采矿新模式:高水固结充填采矿法[J]. 有色金属(矿山部分), 1996(3):5-8.

[73]冯光明, 孙春东, 王成真, 等. 超高水材料采空区充填方法研究[J]. 煤炭学报, 2010, 35(12):1963-1968.

[74]冯光明, 王成真. 超高水材料采空区充填工艺系统与应用研究[J]. 山东科技大学学报(自然科学版), 2011, 30(2):1-8.

[75]冯光明. 超高水充填材料及其充填开采技术研究与应用[D]. 徐州:中国矿业大学, 2009.

[76]过江, 张钦礼, 郑双春. 矿用低成本高水速凝材料的开发及应用研究[J].有色全属(矿山部分), 2003, 55(1):13-14.

[77]刘辉, 何春桂, 董增林, 等. 高水材料充填技术在减小地表沉降中的应用[J]. 煤田地质与勘探, 2010, 38(6):54-56.

[78]孙希奎, 王苇. 高水材料充填置换开采承压水上条带煤柱的理论研究[J]. 煤炭学报, 2011, 36(6):909-913.

[79]周振, 冯光明, 王成真, 等. 近水平浅埋煤层超高水材料充填工艺与方法[J]. 山西焦煤科技, 2011(2):21-24.

[80]李凤义, 李谭, 王维维. 高水材料在桃山煤矿井下充填实验[J]. 黑龙江科技学院学报, 2012, 22(3):221-224.

[81]杨宝贵, 刘文永, 孙恒虎, 等. 新桥矿高水速凝胶结充填新工艺试验[J].化工矿山技术, 1997, 26(5):12-14.

[82]刘志钧. 煤矸石似膏体充填开采技术研究[J]. 煤炭工程, 2010(3):29-31.

[83]HUANG Y C，FENG R M，WANG H P，et al. The coal mining mode of paste-like fill and its application prospects[J]. Advanced materials research，2011，255：3744-3748.

[84]闫斌，莫技，李涛，等. 似膏体充填工作面采煤与充填工艺[J]. 煤矿开采，2009，14(6):35-37.

[85]崔增娣，孙恒虎. 煤矸石凝石似膏体充填材料的制备及其性能[J]. 煤炭学报，2010，35(6):896-899.

[86]刘晓玲，王新民，吴鹏. 煤矸石似膏体快速充填试验研究[J]. 金属矿山，2011(6):6-8.

[87]王新民，曹刚，龚正国. 煤矸石作充填骨料的似膏体料浆流动性能试验研究[J]. 矿业快报，2008(1):20-23.

[88]孙文标，刘马群，张景飞，等. 煤矿似膏体充填体的性能研究[J]. 中国矿业，2008，17(4):92-94.

[89]胡华，孙恒虎，黄玉诚. 似膏体充填料浆流变特性及其多因素影响分析[J]. 有色金属(矿山部分)，2003，55(3):4-7.

[90]黄玉诚，李晓明，耿向慧，等. 似膏体充填料浆流型和流态的研究[J]. 中国矿业，2009，18(4):96-98.

[91]孙文标，孙恒虎，刘建庄，等. 似膏体充填料浆配合比的实验研究[J]. 中国矿业，2005，14(8):70-71.

[92]赵龙生，孙恒虎，孙文标，等. 似膏体料浆流变特性及其影响因素分析[J].中国矿业，2005，14(10):45-48.

[93]刘海洋，王海霞，李维明，等. 稳定流状态下似膏体料浆管输临界流速的研究[J]. 西部探矿工程，2007(6):86-89.

[94]王天刚，黄玉诚，李飞跃. 在稳定流状态下似膏体料浆流变特性研究[J].有色矿山，2003(6):8-10.

[95]HUANG Y C，SUN H H. Experimental study on the mechanical properties of paste-like fill material[J]. Journal of china university of mining & technology，2004，14(2):107-110.

[96]王新民，龚正国，张传恕，等. 似膏体自流充填工艺在孙村煤矿的应用[J]. 矿业研究与开发，2008，28(2):10-13.

[97]崔建强，孙恒虎，黄玉诚. 基于似膏体充填的建筑物下采煤新模式[J].

矿冶工程，2003，23(5)：5-7.

[98]李辉. 巷采充填矸石压缩特性研究[D]. 阜新：辽宁工程技术大学，2010.

[99]胡炳南，张文海，高庆潮，等. 矸石充填巷式开采永久煤柱试验研究[J].煤炭科学技术，2006(11)：46-48.

[100]马超，茅献彪，张春，等.掘进顺序对充填巷采煤柱稳定性的影响研究[J].矿业研究与开发，2012，32(1)：55-58.

[101]张吉雄，缪协兴. 煤矿矸石井下处理的研究[J]. 中国矿业大学学报，2006，35(2)：197-200.

[102]黄玉诚，武洋，常军. 似膏体巷式充填采煤技术及应用[J]. 煤炭科学技术，2014，42(1)：37-39.

[103]董羽，黄玉诚，邓和浪，等. 基于 $FLAC^{3D}$ 的公路下压煤巷式充填开采数值模拟分析[J]. 煤矿安全，2014，45(6)：163-165.

[104]黄玉诚，董羽，段仲捷，等. 似膏体充填水体下采煤技术实践[J]. 中国矿业，2013，22(7)：80-82.

[105]赵飞，黄玉诚，王凯，等. 公路下压煤充填开采技术实践[J]. 煤矿安全，2013，44(8)：154-156.

[106]邓雪杰，张吉雄，周楠，等. 特厚煤层长壁巷式胶结充填开采技术研究与应用[J]. 采矿与安全工程学报，2014，31(6)：857-862.

[107]KRATZSCH I H. Mining subsidence engineering[J]. Environmental geology and water sciences，1986，8(3)：133-136.

[108]CARNEC C，DELACOURT C. Three years of mining subsidence monitored by SAR interferometry，near Gardanne，France[J]. Journal of applied geophysics，2000，43(1)：43-54.

[109] DUNRUD C R，OSTERWALD F W. Effects of coal mine subsidence in the sheridan，wyoming，area[R/OL]. [2014-06-22]. https://pubs. usgs. gov/pp/1164/report. pdf.

[110]GE L，RIZOS C，HAN S，et al. Mining subsidence monitoring using the combined InSAR and GPS approach[C]// International Federation of Surveyors（FIG）. Proceedings of the 10th International Symposium on Deformation Measurements. California：International Federation of Surveyors

(FIG), 2001: 1-10.

[111]NAJJAR Y, ZAMAN M .Numerical modeling of ground subsidence due to mining[J].International journal of rock mechanics & mining science & geomechanics abstracts, 1993, 30(7):1445-1448.

[112]SINGH R P, YADAV R N. Prediction of subsidence due to coal mining in Raniganj coalfield, West Bengal, India[J]. Engineering geology, 1995, 39(1-2):103-111.

[113]REN G, REDDISH D J, WHITTAKER B N. Mining subsidence and displacement prediction using influence function methods[J]. Mining science and technology, 1987, 5(1): 89-104.

[114]何国清，杨伦，凌赓娣，等. 矿山开采沉陷学[M]. 徐州:中国矿业大学出版社，1991.

[115]赵卫强，孟晴. 国内外矿山开采沉陷研究的历史及发展趋势[J]. 北京工业职业技术学院学报，2010，9(1):12-15.

[116]陈炎光，钱鸣高. 中国煤矿采场围岩控制[M]. 徐州:中国矿业大学出版社，1994.

[117]张玉卓. 煤矿地表沉陷的预测与控制:世纪之交的回顾与展望[C]//中国煤炭学会青年工作委员会. 中国煤炭学会第五届青年科技学术研讨会暨中国科协第三届青年学术年会卫星会议论文集. 北京:煤炭工业出版社 ，1998: 1-7.

[118]中国科学技术情报研究所.出国参观考察报告:波兰采空区地面建筑[M]. 北京: 科学技术文献出版社,1979.

[119]刘宝琛，廖国华. 煤矿地表移动的基本规律[M]. 北京:中国工业出版社，1965.

[120]煤炭科学研究院北京开采研究所. 煤矿地表移动与覆岩破坏规律及其应用[M]. 北京:煤炭工业出版社，1981.

[121]何国清，马伟民，王金庄. 威布尔分布型影响函数在地表移动计算中的应用:用碎块体理论研究岩移基本规律的探讨[J]. 中国矿业大学学报(自然科学版)，1982(1):1-20.

[122]周国铨，崔继宪，刘广容，等. 建筑物下采煤[M]. 北京:煤炭工业出版社，1983.

[123]张玉卓，仲惟林，姚建国. 岩层移动的位错理论解与边界元法计算[J].煤炭学报，1987(2):21-31.

[124]张玉卓，仲惟林，姚建国. 断层影响下地表移动规律的统计和数值模拟研究[J]. 煤炭学报，1989(1):23-31.

[125]吴立新. 部分开采地表沉陷机理研究:厚岩层托板假说的建立与应用[D]. 北京:中国矿业大学，1990.

[126]邓喀中. 开采沉陷中的岩体结构效应研究[M]. 徐州:中国矿业大学出版社，1993.

[127]崔希民，缪协兴，赵英利，等. 论地表移动过程的时间函数[J]. 煤炭学报，1999，24(5):453-456.

[128]李云鹏，王芝银. 开采沉陷粘弹塑性损伤模拟分析[J]. 西安矿业学院学报，1999，19(S1):34-48.

[129]于广明，杨伦，苏仲杰，等. 地层沉陷非线性原理、监测与控制[M]. 长春:吉林大学出版社，2000.

[130]王建学. 开采沉陷塑性损伤结构理论与冒矸空隙注浆充填技术的研究[D]. 北京:煤炭科学研究总院，2001.

[131]陈杰，李青松. 建筑物、水体下采煤技术现状[J]. 煤炭技术，2010，29(12):76-77.

[132]SZIDAROVSZKY F，DUCKSTEIN L，BOGARDI I. Multiobjective management of mining under water hazard by game theory[J]. European journal of operational research，1984，15(2)：251-258.

[133]BUKOWSKI P .Water hazard assessment in active shafts in upper silesian coal basin mines[J]. Mine water and the environment，2011，30(4)：302-311.

[134] BIRRELL N D，DEAL JR J D，DONALDSON R M，et al. Apparatus for underwater mining：U. S. Patent 3，522，670[P]. 1970-08-04.

[135] SUSMAN H F A V D，STEWART K R. Underwater mining apparatus：U. S. Patent 6，178，670[P]. 2001-01-30.

[136] HOAGLAND P，BEAULIEU S，TIVEY M A，et al. Deep-sea mining of seafloor massive sulfides[J]. Marine policy，2010，34(3)：728-732.

[137]HALFAR J，FUJITA R M. Danger of deep-sea mining[J]. Science，

2007，316(5827)：987.

[138]WILLUMS J O. Apparatus for underwater retrieval，selection and concentration of material for ocean mining：U. S. Patent 4，037，874[P]. 1977-07-26.

[139]国家煤炭工业局. 建筑物、水体、铁路及主要井巷煤柱留设与压煤开采规程[M]. 北京:煤炭工业出版社，2000.

[140]郑世书，陈江中，刘汉湖，等. 专门水文地质学[M]. 徐州:中国矿业大学出版社，1999.

[141]于喜东. 原平河、屯兰河下采煤导水裂缝带发育高度研究[D]. 徐州：中国矿业大学，2002.

[142]疏开生. 微山湖下采煤的试验与研究[J]. 煤炭科学技术，1992(7)：44-49.

[143]郑世书，孙亚军，赵林，等. GIS在殷庄煤矿微山湖下采区工作面涌水预测中的应用[J]. 中国矿业大学学报，1994，23(2):48-56.

[144]李佩全. 淮南矿区水体下采煤的实践与认识[J]. 中国煤炭，2001，27(4):30-32.

[145]孟凡和. 龙口矿区海下采煤技术研究与实践[J]. 煤炭科学技术，2006，34(2):19-22.

[146]许延春. 水体下安全采煤技术[N]. 新进展大众科技报，2007-12-16(A06).

[147]钱鸣高，缪协兴，许家林. 资源与环境协调(绿色)开采及其技术体系[J]. 采矿与安全工程学报，2006，23(1):1-5.

[148]黄庆享. 浅埋煤层保水开采隔水层稳定性的模拟研究[J]. 岩石力学与工程学报，2009，28(5):987-992.

[149]赵兵朝，余学义. 浅埋煤层保水开采识别系统研究[J]. 西安科技大学学报，2009，28(4):623-628.

[150]黄庆享. 浅埋煤层覆岩采动隔水性与保水开采分类控制[C] // 张少春. 安全高效矿井建设与开采技术:陕西省煤炭学会学术年会论文集(2010). 北京:煤炭工业出版社，2010:98-103.

[151]彭小沾，崔希民，李春意，等. 陕北浅煤层房柱式保水开采设计与实践[J]. 采矿与安全工程学报，2008，25(3):301-304.

[152]张杰，侯忠杰. 榆树湾浅埋煤层保水开采三带发展规律研究[J]. 湖南科技大学学报(自然科学版)，2006，21(4):10-13.

[153]缪协兴，陈荣华，浦海，等. 采场覆岩厚关键层破断与冒落规律分析[J].岩石力学与工程学报，2005，24(8):1289-1295.

[154]缪协兴，陈荣华，白海波. 保水开采隔水关键层的基本概念及力学分析[J]. 煤炭学报，2007，32(6):561-564.

[155]缪协兴，浦海，白海波. 隔水关键层原理及其在保水采煤中的应用研究[J].中国矿业大学学报，2008，37(1):1-4.

[156]缪协兴，刘卫群，陈占清. 采动岩体渗流理论[M]. 北京:科学出版社，2004.

[157]LEGRAND J. Revisited analysis of pressure drop in flow through crushed rocks[J]. Journal of hydraulic engineering，2002，128(11):1027-1031.

[158]刘卫群，缪协兴，陈占清. 破碎岩石渗透性的试验测定方法[J]. 实验力学，2013，18(1):56-61.

[159]李春意，崔希民，袁德宝，等. 隔水关键层水文地质概念模型的建立与分析[J]. 煤矿安全，2009，40(4):11-15.

[160]王永红，沈文. 中国煤矿水害预防及治理[M]. 北京:煤炭工业出版社，1996.

[161]许家林，朱卫兵，王晓振. 基于关键层位置的导水裂隙带高度预计方法[J]. 煤炭学报，2012，37(5):762-769.

[162]许家林，王晓振，刘文涛，等. 覆岩主关键层位置对导水裂隙带高度的影响[J]. 岩石力学与工程学报，2009，28(2):380-385.

[163]高延法，黄万朋，刘国磊，等. 覆岩导水裂缝与岩层拉伸变形量的关系研究[J]. 采矿与安全工程学报，2012，29(3):301-306.

[164]刘治国. 变形分析方法预测中硬覆岩导水裂缝带高度[C]//煤炭科学研究总院北京开采所. 采矿工程学新论:北京开采所研究生论文集. 北京:煤炭工业出版社，2005:195-199.

[165]尹增德. 采动覆岩破坏特征及其应用研究[D]. 青岛:山东科技大学，2007.

[166]黄庆亨，刘腾飞. 浅埋煤层开采导水裂隙发展规律相似模拟研究[J]. 煤田地质与勘探，2006，34(5):34-37.

[167]张杰，侯忠杰. 浅埋煤层导水裂隙发展规律物理模拟分析[J]. 矿山压力与顶板管理，2004(4):32-34.

[168]马立强，张东升，乔京利，等. 浅埋煤层采动覆岩导水通道分布特征试验研究[J]. 辽宁工程技术大学学报(自然科学版)，2008，27(5):649-652.

[169]胡金生，乐建，李涛. 导水裂隙带发育高度数值模拟研究[J]. 能源技术与管理，2009(3):7-9.

[170]代长青. 含水层下煤层开采覆岩破坏规律数值模拟研究[J]. 煤矿开采，2009，14(2):36-38.

[171]张玉军. 基于固流耦合理论的覆岩破坏特征及涌水量预计的数值模拟[J]. 煤炭学报，2009，34(5):610-613.

[172]樊燕. 煤矿开采对上覆含水层影响的数值模拟研究[D]. 太原:太原理工大学，2011.

[173]李忠建，魏久传，施龙青，等. 浅埋煤层开采数值模拟及顶板突水危险性分析[J]. 煤矿安全，2011，42(3):122-124.

[174]NASIR O，FALL M. Coupling binder hydration，temperature and compressive strength development of underground cemented paste backfill at early ages[J]. Tunnelling and underground space technology，2010，25(1): 9-20.

[175]SMALLEY T J，WOOD C B. Effect of backfill amendment on growth of red maple[J]. Arboriculture & urban forestry，1995，21(5): 247-250.

[176]HUYNH L，BEATTIE D A，FORNASIERO D，et al. Effect of polyphosphate and naphthalene sulfonate formaldehyde condensate on the rheological properties of dewatered tailings and cemented paste backfill[J]. Minerals engineering，2006，19(1): 28-36.

[177]ERCIKDI B，KESIMAL A，CIHANGIR F，et al. Cemented paste backfill of sulphide-rich tailings: Importance of binder type and dosage[J]. Cement and concrete composites，2009，31(4): 268-274.

[178]YOUWAI S，BERGADO D T. Numerical analysis of reinforced wall using rubber tire chips-sand mixtures as backfill material[J]. Computers and geotechnics，2004，31(2): 103-114.

[179]ZHEN-MIN C A O. Analysis of active earth pressure of back fill on retaining wall with curved rupture surface[J]. China journal of highway and transport, 1995, 8(2): 7-14.

[180] BRITTON J P, FILZ G M, HERRING W E. Measuring the hydraulic conductivity of soil-bentonite backfill[J]. Journal of geotechnical and geoenvironmental engineering, 2004, 130(12): 1250-1258.

[181]LEROUX K, BAWDEN W F, GRABINSKY M F. Field properties of cemented paste backfill at the golden giant mine[J]. Mining technology, 2005, 114(2): 65-80.

[182]缪协兴，黄艳利，巨峰，等. 密实充填采煤的岩层移动理论研究[J]. 中国矿业大学学报，2012，41(6):863-867.

[183]缪协兴，张吉雄，郭广礼. 综合机械化固体充填采煤方法与技术研究[J]. 煤炭学报，2010，35(1):1-6.

[184]张吉雄. 矸石直接充填综采岩层移动控制及其应用研究[D]. 徐州:中国矿业大学，2008.

[185]黄艳利，张吉雄，张强，等. 充填体压实率对综合机械化固体充填采煤岩层移动控制作用分析[J]. 采矿与安全工程学报，2012，29(2):162-167.

[186]程艳琴，邱秀梅，王连国，等. 充填对围岩控制作用效果的数值模拟研究[J]. 山东农业大学学报(自然科学版)，2006，37(4):637-641.

[187]卢央泽，苏建军，姜仁义，等. 深部矿体胶结充填开采沉陷规律模拟分析[J]. 山东科技大学学报(自然科学版)，2008，27(3):44-50.

[188]卢央泽. 基于煤矸石似膏体胶结充填法控制下的覆岩移动规律研究[D]. 长沙:中南大学，2006.

[189]赵才智. 煤矿新型膏体充填材料性能及其应用研究[D]. 徐州:中国矿业大学，2008.

[190]赵才智，周华强，柏建彪，等. 膏体充填材料强度影响因素分析[J]. 辽宁工程技术大学学报，2006，25(6):904-906.

[191]胡炳南，李宏艳. 煤矿充填体作用数值模拟研究及其机理分析[J]. 煤炭科学技术，2010，38(4):13-16.

[192]胡炳南，郭爱国. 矸石充填材料压缩仿真实验研究[J]. 煤炭学报，2009，34(8):1076-1080.

[193]胡炳南，袁亮. 条带开采沉陷主控因素分析及设计对策[J]. 煤矿开采，2000(4):24-27.

[194]张东升，缪协兴，冯光明，等. 综放沿空留巷充填体稳定性控制[J]. 中国矿业大学学报，2003，32(3):232-235.

[195]杨震. 粉煤灰矸石胶结充填体的固化特性与底板稳定性分析[D]. 青岛:青岛理工大学，2011.

[196]胡海江，李永元. 煤矿充填开采充填体承载能力影响因素研究[J]. 煤炭工程，2012(9):51-53.

[197]刘长友，杨培举，侯朝炯，等. 充填开采时上覆岩层的活动规律和稳定性分析[J]. 中国矿业大学学报，2004，33(2):166-169.

[198]谢文兵，史振凡，陈晓祥，等. 部分充填开采围岩活动规律分析[J]. 中国矿业大学学报，2004，33(2):162-165.

[199]许家林，尤琪，朱卫兵，等. 条带充填控制开采沉陷的理论研究[J]. 煤炭学报，2007，32(2):119-122.

[200]许家林，朱卫兵，李兴尚，等. 控制煤矿开采沉陷的部分充填开采技术研究[J]. 采矿与安全工程学报，2006，23(1):6-11.

[201]缪协兴，张吉雄，郭广礼. 综合机械化固体废弃物充填采煤方法与技术[M].徐州:中国矿业大学出版社，2010.

[202]马占国. 巷式充填采煤理论与技术[M]. 徐州:中国矿业大学出版社，2011.

[203]钱鸣高，石平五，许家林. 矿山压力与岩层控制[M]. 徐州:中国矿业大学出版社，2010.

[204]侯忠杰. 老顶断裂岩块回转端角接触面尺寸[J]. 矿山压力与顶板管理，1999(3):29-31.

[205]侯忠杰. 断裂带老顶的判别准则及在浅埋煤层中的应用[J]. 煤炭学报，2003，28(1):8-12.

[206]陈育民，徐鼎平.FLAC/FLAC$^{3D}$基础与工程实例[M]. 北京:中国水利水电出版社，2009.